Clothing Design
個人形象全面改造

郭麗 編著

崧燁文化

個人形象全面改造

目錄

前言

第一章 服飾形象設計概論

  導讀 13
 一 服飾形象設計的基本概念 15
 二 服飾形象設計的功能作用 16
  （一）服飾形象設計有助於正能量的傳遞 17
  （二）服飾形象設計有利於個人價值的體現 18
 三 服飾形象設計的構成要素 18
  （一）人體要素 19
  （二）服裝要素 19
  （三）化妝造型 19
  （四）禮儀要素 20

第二章 女性審美標準的差異與巧飾

  導讀 23
 一 女性形象美差異觀 24
  （一）東方女性形象審美標準 24
  （二）西方女性形象審美標準 26
 二 臉部與頭部的審美標準 28
  （一）臉部及五官的審美標準 28
  （二）不同臉型的特點及輪廓修飾技巧 29
  （三）不同臉型適合的眉形 31
  （四）不同臉型適合的唇形 32
  （五）不同臉型適合的腮紅 32
 三 髮型巧飾臉型 32
  （一）臉型與髮型設計 32

個人形象全面改造

　　（二）髮型選擇的其他要素 37
　　（三）髮型欣賞 38

第三章 化妝造型設計基礎

　導讀 41
　一 化妝基礎知識 41
　　（一）化妝及其作用 41
　　（二）化妝前後的皮膚護理 42
　　（三）卸妝技巧 46
　二 化妝基本用品 47
　　（一）化妝工具的類型與作用 47
　　（二）化妝工具的清洗 49
　　（三）化妝品的類型與特性 50
　三 基礎化妝 52
　　（一）修眉 52
　　（二）妝前基礎霜調理肌膚 53
　　（三）眼部化妝 56
　　（四）鼻子和唇部化妝 61
　　（五）腮紅 62
　　（六）高光和陰影 63
　　（七）調整與定妝 63
　四 彩妝技巧 64
　　（一）淡妝 64
　　（二）彩妝 66
　　（三）晚宴妝 67
　　（四）時尚妝 68

第四章 人與專屬色

　導讀 71

一 認識色彩 71
　　（一）色彩的概念 71
　　（二）色彩的分類 71
　　（三）色彩的三屬性 72
　　（四）色相環 73
　　（五）色性 73
　　（六）色彩搭配 74

二 個人色彩特徵分析 74
　　（一）膚色 76
　　（二）眼睛的色彩 76
　　（三）髮色 77
　　（四）唇色 77
　　（五）黑色素痣的顏色顯現 78

三 個人四季色彩理論 78
　　（一）春季型的特徵（暖色調） 81
　　（二）秋季型的特徵（暖色調） 82
　　（三）夏季型的特徵（冷色調） 83
　　（四）冬季型的特徵（冷色調） 84

四 色彩季型與用色規律 85
　　（一）春季型 85
　　（二）秋季型 86
　　（三）夏季型 87
　　（四）冬季型 89

五 色彩十二季型 91
　　（一）深型 91
　　（二）淺型 94
　　（三）冷型 96
　　（四）暖型 98

5

（五）淨型 100
　　（六）柔型 102
　六 色彩診斷方法 104
　　（一）色彩診斷基本條件 104
　　（二）色彩診斷專用工具 105
　　（三）色彩診斷流程 107
　　（四）色彩診斷案例分析 109

第五章 人與風格

　導讀 119
　一 面部輪廓解析 120
　二 身體線條解析 126
　　（一）身體線條的類型 126
　　（二）線條感的歸類分析 128
　　（三）身體線條的代表人物 129
　　（四）體型量感解析 129
　　（五）風格診斷專業工具 131
　　（六）女性款式風格診斷流程 133
　三 服裝的線條 134
　　（一）服裝線條的決定因素 134
　　（二）服裝線條比較 137
　四 服飾風格解析 140
　　（一）八大類型服飾風格特徵 141
　　（二）人物風格類型及特徵 148
　　（三）服飾風格類型及代表人物 149

第六章 服飾搭配規律

　導讀 153
　一 服飾色彩搭配 153

（一）服飾色彩與心理 153

　　（二）服飾色彩搭配類型 157

　　（三）服飾色彩搭配規律 163

　　（四）色彩搭配與個性傳達 165

二　服飾風格搭配 166

　　（一）百搭風格 166

　　（二）嬉皮風格 166

　　（三）瑞麗風格 167

　　（四）淑女風格 168

　　（五）韓式風格 168

　　（六）民族風格 168

　　（七）歐美風格 169

　　（八）學院風格 169

　　（九）通勤風格 169

　　（十）中性風格 170

　　（十一）嘻哈風格 170

　　（十二）田園風格 171

　　（十三）龐克風格 171

　　（十四）OL 風格 172

　　（十五）蘿莉塔風格 172

　　（十六）街頭風格 173

　　（十七）簡約風格 173

　　（十八）波西米亞風格 173

三　服裝面料搭配 174

　　（一）華麗古典風格的服裝與面料選擇 174

　　（二）柔美浪漫風格與面料的服裝選擇 175

　　（三）田園風格的服裝與面料選擇 176

　　（四）軍服風格的服裝與面料選擇 176

（五）前衛風格的服裝與面料選擇 177
　四 服裝款式搭配 178
　　（一）長與短 178
　　（二）寬與窄 179
　　（三）方與圓 180
　　（四）揚長避短 181
　五 服裝配飾搭配 183
　　（一）春季類型 183
　　（二）秋季類型 184
　　（三）夏季類型 185
　　（四）冬季類型 186

第七章 職場禮儀與個人形象

　　導讀 189
　一 儀容規範 189
　　（一）貌美——臉部的妝飾 190
　　（二）髮美——頭髮的妝飾 192
　　（三）肌膚美——整體的妝飾 192
　二 儀表規範 193
　　（一）服飾要求：規範、整潔、統一 193
　　（二）應遵循的原則 194
　三 儀態風範 195
　　（一）站姿 195
　　（二）坐姿 196
　　（三）走姿 197
　　（四）蹲姿 198
　　（五）手勢 199
　四 言談禮儀 201

（一）撥打電話 ⋯⋯⋯⋯⋯⋯⋯⋯⋯⋯⋯⋯⋯⋯⋯⋯⋯⋯⋯⋯⋯⋯ 201
　　（二）接聽電話 ⋯⋯⋯⋯⋯⋯⋯⋯⋯⋯⋯⋯⋯⋯⋯⋯⋯⋯⋯⋯⋯⋯ 201
　　（三）代接電話 ⋯⋯⋯⋯⋯⋯⋯⋯⋯⋯⋯⋯⋯⋯⋯⋯⋯⋯⋯⋯⋯⋯ 202
　　（四）使用手機 ⋯⋯⋯⋯⋯⋯⋯⋯⋯⋯⋯⋯⋯⋯⋯⋯⋯⋯⋯⋯⋯⋯ 202
　　（五）禮貌用語 ⋯⋯⋯⋯⋯⋯⋯⋯⋯⋯⋯⋯⋯⋯⋯⋯⋯⋯⋯⋯⋯⋯ 202
　　（六）交談禮儀 ⋯⋯⋯⋯⋯⋯⋯⋯⋯⋯⋯⋯⋯⋯⋯⋯⋯⋯⋯⋯⋯⋯ 203

第八章 專題設計實例

　　導讀 ⋯⋯⋯⋯⋯⋯⋯⋯⋯⋯⋯⋯⋯⋯⋯⋯⋯⋯⋯⋯⋯⋯⋯⋯⋯⋯ 205
　一 專業診斷與定位流程 ⋯⋯⋯⋯⋯⋯⋯⋯⋯⋯⋯⋯⋯⋯⋯⋯⋯⋯⋯ 205
　　（一）色彩診斷流程 ⋯⋯⋯⋯⋯⋯⋯⋯⋯⋯⋯⋯⋯⋯⋯⋯⋯⋯⋯ 205
　　（二）風格診斷流程 ⋯⋯⋯⋯⋯⋯⋯⋯⋯⋯⋯⋯⋯⋯⋯⋯⋯⋯⋯ 206
　二 案例分析與示範 ⋯⋯⋯⋯⋯⋯⋯⋯⋯⋯⋯⋯⋯⋯⋯⋯⋯⋯⋯⋯⋯ 207
　三 服飾形象策劃檔案及管理 ⋯⋯⋯⋯⋯⋯⋯⋯⋯⋯⋯⋯⋯⋯⋯⋯⋯ 209
　　第一部分：顧客登記表 ⋯⋯⋯⋯⋯⋯⋯⋯⋯⋯⋯⋯⋯⋯⋯⋯⋯⋯ 210
　　第二部分：色彩診斷報告 ⋯⋯⋯⋯⋯⋯⋯⋯⋯⋯⋯⋯⋯⋯⋯⋯⋯ 211
　　第三部分：風格診斷報告 ⋯⋯⋯⋯⋯⋯⋯⋯⋯⋯⋯⋯⋯⋯⋯⋯⋯ 214
　　第四部分：妝容診斷報告 ⋯⋯⋯⋯⋯⋯⋯⋯⋯⋯⋯⋯⋯⋯⋯⋯⋯ 214
　　第五部分：定製個人服飾形象設計方案 ⋯⋯⋯⋯⋯⋯⋯⋯⋯⋯⋯ 215

個人形象全面改造

前言

「即使我們沉默不語，我們的服飾與體態也會泄露我們過去的經歷。」

———— 莎士比亞

邁進全球化和現代化的時代，世界各國之間的交流愈加頻繁和重要，擁有賞心悅目的自身形象不僅能充分體現個人外在的美，亦能最直接反映穿著者內在的品位、氣質、個性與修養。同時，也標誌著一個國家和民族的經濟實力及文明素養的發展水準。

美麗形象的塑造離不開設計，人物形象設計是一門綜合性的藝術學科，其中服飾要素占據著很大視覺空間，服飾也是形象設計中的重頭戲。《服飾形象設計》緊緊圍繞女性完美形象的塑造與服飾的關係，系統地闡述了服裝色彩、造型特點、服飾風格的基礎知識和巧飾方法，以及化妝造型技巧、服飾搭配規律、職場禮儀規範和專題設計及實際應用等重要內容。教材編著中力求結構層次清晰、概念明確、簡明扼要、圖文並茂，教學實例演示偏重應用層面和實踐環節，具有較強的實用性和可操作性。透過對《服飾形象設計》的學習，可以逐步提高形象設計師的綜合設計能力和專業水準，逐步提升「打造自我魅力指數」掌控能力。

本書由郭麗編著；范玉婷、楊陽、孫娜、劉豔華積極參與圖片的繪製和整理；周怡文、楊逸康、張培培、湯曉積極參與人物化妝工作；YS攝影工作室承擔拍攝工作，在此一併表示感謝！本書在編寫過程中參考了相關的論文、專著及圖片，在此也一併表示感謝！由於編者水準所限，不當之處在所難免，敬請專家和讀者批評指正。

編者

個人形象全面改造

第一章 服飾形象設計概論

導讀

解析服飾形象設計的起源、發展及概念；瞭解服飾形象設計師工作的主要內容，展望服飾形象設計行業的發展前景；培養學習者對《服飾形象設計》課程的學習興趣。

章節重點：推廣因人而異、著力個性美設計的理念；課堂模擬與人溝通交流的場景，從而瞭解顧客的預期心理目標；自行設計顧客基本資訊表。

其他補充：對服飾品牌有一定瞭解，具備服裝設計學的基礎知識。

日新月異的 21 世紀是資訊高速傳遞的時代，在各界文化交融互存的大環境中，個人的外在形象和內在涵養愈發引起人們的重視。人們用服飾裝扮彰顯個性魅力、體現自身價值與社會地位的行為也日益受到了重視，人們意識到即便是在日常生活或工作中，個人服飾形象也有著不可忽視的作用。

心理學家研究發現，人們第一形象的形成是非常短暫的，有人認為是見面的前 40 秒，有人認為是前 7 秒或是一眨眼的工夫，就可定型而論了，甚至有時幾秒鐘就會決定一個人的命運。在心理學上，第一印象被稱為「首因效應」。形象決定未來，在當今競爭激烈的社會中，一個人的形象遠比人們想像的更為重要。

（一）個人形象設計的起源與行業現狀

個人形象即社會公眾對個體人的整體印象和評價，它是人的內在素質和外形表現的綜合反映。服飾是表達個人形象的外在符號，它包括服裝、飾物以及一切身體外部的裝飾物，蘊含著裝飾打扮的手段及技巧，是個人形象設計中的重頭戲。

「形象設計」這一概念源自舞台美術，後來被時裝表演界人士使用，用於時裝表演前為模特兒設計髮型、化妝、服飾的整體組合，隨即發展成為特定消費者所做的相似性質的服務。

個人形像是個體人在社會環境中的非語言性的資訊窗體媒介，是身體的人、心理的人、社會的人的綜合反映。

1950 年，在美國社會各階層中，尤其是工商企業界和政界人士，對於自身的信譽十分重視，人們開始有計劃地塑造良好的個人形象。如今的美國，形象設計已經

個人形象全面改造

是與商業緊密結合的產業，其設計形態已達到生活設計階段，即以人為本，以創造新的生活方式和適應人的個性為目的，並對人的思想和行為做深入的研究。

如今，形象設計是極具發展潛力的朝陽行業，具有多元化的市場需求。其市場需求架構不僅包括個體消費者，還包括化妝美容用品公司以及服飾廠商、時尚廣告行業、時尚雜誌、文化諮詢部門等，涉足領域廣，隨著人們對美麗的追求，以及對時尚領悟意識的增強，市場需求越來越大，形象設計職業也越來越受歡迎。

（二）解析形象設計職業的性質

在歷史發展過程中，人類對「自身形象的美化意識」最早促使了「化妝」的出現，透過在人體上描繪、塗抹各種顏色及圖案來達到一種特殊的視覺美感、圖騰崇拜、驅蟲護體或其他目的。隨著社會的進步，「服飾」、「美髮」、「美容（主要是指護理保養）」、「美甲」等人體美化行業也逐漸加入進來，使得與美化人體形象相關的社會職業分工越來越細化。而服飾形象設計師則是以服飾裝扮為個人形象做美化工程的核心環節，也可以說是各相關職業的整合環節。

從職業性質角度分析，形象設計師與化妝師、美容師三者都是以「人」作為其服務對象，以改變「人的外在形象」為最終目的。他們之間的主要區別在於：美容師的主要工作是對人的面部及身體皮膚進行美化，主要工作方式是護理、保養；化妝師的主要工作是對影視、演員或普通顧客的頭面部等身體局部進行化妝，主要工作方式為局部造型和神、色、韻的設計；服飾形象設計師的主要工作是以服飾搭配為手段，遵循著裝 TPO 原則，針對不同人物的化妝、髮型、服飾、禮儀、體態語言及周邊環境等眾多因素，進行整體組合，主要工作方式為綜合設計。

服飾形象設計可以理解為以人為核心，以展示個性魅力為目的，以服飾色彩、服飾款式、配飾等要素為主要手段，依據不同的需求打造個人外在形象美的一種新型的人物造型藝術設計學科。

現代人希望透過自身的形象設計表現美，更渴望透過自身的服飾形象得到周圍人群的肯定和讚許，提升個人魅力指數。正是這樣的需求促使服飾形象設計職業的產生和發展。服飾形象設計職業特點就是與時代精神相結合，以豐富的服飾語言為表現方式，結合髮型、妝容、配飾等其他造型要素，充分滿足穿著者在不同的環境需求下呈現出最完美的個人形象。

一 服飾形象設計的基本概念

　　服飾形象設計隸屬於個人形象設計的範疇，是個人形象設計的主要組成部分，著重點在於借助「服」與「飾」對個體的人進行個性化審美設計，以充分發揮服飾形象設計在人物形象修飾、塑造與表達中的重要作用，是消費者根據自身客觀與主觀的需要，在服飾相貌和藝術情感上進行系列塑造的一種手段，這與通常意義上的服裝設計和服裝造型有所不同。

　　服飾形象設計有著獨特的設計方法和操作模式，從所涉足的範圍和本質意義上來分析，它屬於人物整體形象設計中的一部分。首先，它必須服從於規劃中的整體形像風格，並以此為設計構思的基礎、前提、方向來進行服裝的選擇、搭配和飾品的裝飾；其次，還需要與髮型、化妝進行融通和協調，其主要表現在色彩的選擇和搭配應與髮型、化妝色形成對比、調和、協調、統一的關係。款式的造型風格應與髮型和化妝的風格在具有各自鮮明特色的基礎上，形成多樣統一，以及在整體形象的視覺亮點上形成集中統一，並產生視覺美感的放射性作用。所以，在進行服飾形象設計時，形象設計師應與髮型師和化妝師統一風格，相互溝通，使服飾形象設計在統一、協調中去釋放其獨特的風采和對人物形象的藝術塑造，最終形成完美的服飾形象設計方案。

　　隨著社會的快速發展，人們對個人形象設計的需求不斷提高，對服飾形象設計師的要求也更全面，從色彩診斷、風格診斷到設計策劃、日常形象管理等各環節都要有準確的把控能力。服飾消費群體對服飾形象設計的理解是以人為主體，結合個體自身特有的色彩、線條、風格、氣質、職業、喜好以及服裝流行趨勢等要素，巧妙地將各種服飾品加以組合，本著揚長避短的原則，運用服裝設計、化妝造型、社交禮儀規範等手段對個人整體造型進行分析、設計和策劃，達到集舒適、合理、美觀於一體的穿著效果。較好的服飾形象設計既能充分體現穿著者外在的美，亦能最直接反映穿著者內在的品味、氣質、個性和修養。透過對服飾形象設計原理的學習，逐步提高相關方面的專業知識，培養高水準的專業人才。

　　現代服飾形象設計師要善於運用各種設計方法，對人的整體形象進行再塑造。目前，服飾形象設計師從事的工作主要包括兩個層次：

　　一、為普通消費者或特定客戶提供化妝設計、髮型設計、著裝指導、色彩諮詢、美容指導、攝影形象指導、體態語言表達指導、禮儀指導或陪同購物等。

個人形象全面改造

二、為時尚雜誌社提供服飾版面，或為封面人物提供整體造型設計方案；為時尚發布會或秀場模特兒提供形象造型；為電影、電視劇角色的造型定位提供設計等相關工作。

故然，21世紀的服飾形象設計師應具備包括色彩、化妝、髮型、服飾搭配、禮儀、美容保養、服裝設計和個人形象設計等多方面的專業知識。其一，具備敏銳的觀察和目測能力，即目測人與生俱來的膚色、髮色、瞳孔色等身體色的基本特徵，以及人體身材輪廓、量感、動靜和比例的總體風格印象；其二，具備科學的分析與策劃能力，即透過專業診斷工具測試出人的色彩歸屬與風格類型，找到最合適的服飾顏色、款式、搭配方式和各種場合用色及最佳的妝容用色、染髮用色等，透過諮詢指導方式，幫助人們建立和諧的個人形象；最後，服飾形象設計師不僅要具備專業的色彩顧問知識，同時還要具備突出的審美能力以及對時尚潮流的分析能力，兼備色彩顧問、風格解析、服裝搭配、化妝造型等多方面專業能力。

全球經濟一體化的趨勢促使經濟水準不斷提高，人們的生活質量日益向現代化、高標準發展，越來越多的普通大眾開始認識到個人形象的重要性。對美的追求是人類的天性，真正的形象美在於充分地展示自己的個性，因而創造一個屬於自己的、有特色的個人整體形象才是更高的境界。人們對美的關注也不再僅僅侷限於一張臉，而是從髮式、化妝到服飾搭配、個人言行舉止和內涵修養的綜合層面上。正是人們不斷變化的審美觀和審美需求推動了服飾形象設計的發展，透過系統的、專業的服飾形象設計使人們的自我形象更得體、更合理、更適用，從而形成趨於完美的個人形象，獲得理想的社會形象和人文精神面貌。

二 服飾形象設計的功能作用

在追求個性表達的年代，服飾形象設計作為一門新興的綜合造型藝術學科，正走進我們的生活。無論是政界要人、大款、明星，還是平民百姓，都期盼以一個良好的個人形象展示在公眾面前。

人在陌生環境的交往中，往往可依據個人的舉止儀表和穿著服飾推測出其身分地位、興趣愛好、修養程度。衣著服飾在某種程度上被賦予了一定的社會意義，它是一種無聲的語言，比談吐動作更具表現力。西方學者雅伯特·馬伯藍比（Albert Mebrabian）教授研究得出形象溝通的「7/38/55」定律：在社會交往中，旁人對你

二 服飾形象設計的功能作用

的第一印象十分重要，其中 7% 取決於你真正談話的內容；38% 在於輔助表達這些話的方法，也就是口氣、手勢等；卻有高達 55% 的比重決定於外表、穿著、打扮。（圖 1-1）可見，對於個人的事業和生活來說，外在形像有著舉足輕重的作用。

（一）服飾形象設計有助於正能量的傳遞

1. 有助於自信心的提高

成功的著裝能讓人擁有自信，透過調查顯示，大部分人是缺乏自信的。這種自信的缺乏，或者是由於對自己的才能和成就不滿，或者是由於對自己的外表不滿。

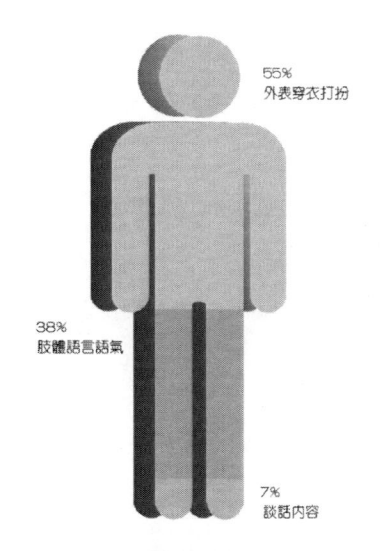

圖 1-1　形象溝通「7/38/55」定律比例圖

對自我成就或外表不滿者，光鮮靚麗、大方得體的服飾形象可以積極地調整其態度，增加其社會成就感，它有強烈的暗示作用，在心理上暗示自己表現得要如同自己的服裝一樣出色。而服飾的最大心理暗示功能是能幫助人們建立自信，使穿衣者沉著自如、優雅得體，並在各種場合下保持鎮定自若的狀態。有智慧的人常利用服飾來增加自己的魅力指數，讓自己表現得更加魅力十足、絢麗非凡，散發積極樂觀的正能量。

2. 有助於個性的表達

每個人都是獨一無二的個體，身高、體重、膚色、個人愛好、興趣、文化修養的不同，形成不同的個性表現。個性化的形象是大多數人的真實需求，每個人的形象都可以被看作是一個視覺符號，這個符號越是與眾不同，就越容易引起關注，越容易被識別、被記憶。若想從眾人中脫穎而出，除了內在的修養、氣質、才華，外在形象也造成了不可忽視的作用。日常生活中個性化的服飾形象設計要平衡好尺度，根據每個人不同的體態特徵、肢體習慣、思維方式、興趣、愛好、修養、職業、年齡等進行服飾形象設計策劃，突出優勢、彰顯個性、呈現出自身特有的視覺符號是人們追求美的目標。服飾形象的個性美，是服裝的外在形式與著裝者內在精神和諧統一的結果。

個人形象全面改造

（二）服飾形象設計有利於個人價值的體現

1. 有助於資訊的傳遞

在現實生活中，服飾形象作為顯著的人際交往信號，向社會提供了一個人的大量資訊，甚至可以替代不可言傳的微妙資訊，它是文明社會人們交流溝通的重要手段。正如美國一位服裝史學者所言：一個人在穿衣服和裝扮自己時，就像在填一張個人資訊調查表，似乎就如填寫上了自己的性別、年齡、民族、宗教信仰、職業、社會地位、經濟條件、婚姻狀況、為人是否忠誠可靠、在家中的地位及心理狀況等資訊。如白領女性的著裝時尚而幹練，人民教師的著裝舒適而穩重，銀行職員的著裝親民而莊重，節目主持人的著裝優雅而大方，農民的著裝質樸，商人的著裝精明，學者的著裝灑脫，醫者的著裝標誌著仁心……

2. 有助於提高事業成功的指數

有句俗話「人靠衣裝馬靠鞍」，說明了著裝的重要性。現代社會，人類的社交活動越來越頻繁，求職面試、生意洽談、公開演講等，「注意力經濟」被越來越廣泛地應用，人人都需要把自己最優秀的一面呈現在別人面前。符合身分、場合的服飾可為個人形象增輝，長期持續會帶來豐厚的回報，亦是獲得職場生存和發展機會的一種智慧投資，可讓個人形象美的價值積累，讓人脈價值增值。同時，透過外在的服飾形象表達出自己內心的強大，為職場之路增添籌碼。

三 服飾形象設計的構成要素

服飾形象設計並不僅僅侷限於適合個人特點的服飾、化妝和髮型，也包括內在性格的外在表現，如氣質、舉止、談吐、生活習慣等綜合條件的協調設計。從這一高度出發的形象設計，決非化妝師、髮型師或服裝設計師的單一能力所能完成，它需要結合專業形象設計、服裝設計、色彩理論等全面的知識與實踐經驗。服飾形象設計師應立

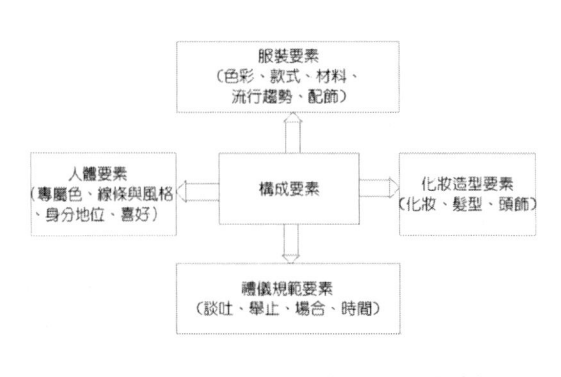

圖1-2 服飾形象設計構成要素

第一章 服飾形象設計概論

足於培養個人審美品位、提高文化內涵修養，提升個人的氣質和風度，結合不同年齡、職業、階層、場合為客戶或消費者量身定製賞心悅目的形象設計策劃方案，助其打造出完美的個人形象，並進行良好的日常形象管理。

服飾形象設計要素主要由四大塊構成：其一，人體要素；其二，服裝要素；其三，化妝造型要素；其四，禮儀規範要素。（圖 1-2）服飾形象設計師必須熟習這四大構成要素，並具備綜合運用的能力。

（一）人體要素

服飾形象設計是以個體人為核心，一切圍繞人進行設計。每個人都有著自身獨特的色彩、線條、風格和喜好，要做好服飾形象設計及管理，首先必須瞭解個體人的特點，為其做四季色彩診斷並確定最合適的專屬色彩群；其次要做風格診斷，確定個體人的身體線條特徵和著裝風格，並且依據著裝喜好、人體優缺點來調整設計；最後，要瞭解其身分、地位、職業、喜好和禁忌、出席場合等資訊，這樣方能為其策劃出完美的整體形象設計方案。因此，培養一名專業的服飾形象設計師，首先需要培養其觀察力、理性分析能力以及與人溝通的能力，從而獲得較為準確的第一手關鍵資料。

（二）服裝要素

服裝要素，包括風格、色彩、圖案、廓形、面料、配飾、流行元素及細節等，還包括以上諸多要素與人體之間的協調關係，以及如何運用、組合各服裝要素，為人的外在美提供揚長避短的設計方案等。因此，對服飾形象設計師的服飾搭配能力和時尚敏銳能力有較高的要求。

（三）化妝造型

要素化妝造型要素，包括化妝技巧和髮型設計。主要針對人的頭部及面部五官進行美化設計與打造，結合髮型、頭型、五官特點、身分、著裝需求等條件的限制，最大限度地展現出美麗的個體形象，是對服飾形象設計師人物造型能力專業素養的考驗。

個人形象全面改造

(四) 禮儀要素

禮儀是個人美好形象的標誌，是一個人內在素質和外在形象的具體體現，是內強素質外塑形象的展現。禮儀要素包括著裝禮儀規範、儀容儀表、待人接物、言行舉止等方面，以及出席場合的相關要求。它與以上三要素共同提升個人魅力指數。

思考與練習

1. 深入瞭解顧客，真實填寫個人基本資訊資料。參考表1-1，也可自行設計表格。

表1-1　個人基本訊息資料

姓名		與名字相關的詩句	
姓名的由來			
故鄉		目前生活的地方	
身高 (cm)		體重(kg)	
髮型			
眼睛			
外貌中最值得驕傲的部分			
最喜歡的書籍			
最喜歡的飲食			
最喜歡的糕點		價格	
最喜歡的歌手/組合			
最喜歡的運動			
最喜歡的遊戲			
最喜歡的話(三句以上)			
座右銘或信條			
最喜歡的人或歷史人物			
最喜歡的事或功課			
最喜歡的電視節目			
最有信心做好的事			
最擅長的學習科目			
最擅長的娛樂			
最擅長的料理			
最擅長的運動項目			
閒暇時喜歡做的事			
愛好		特長	
喜歡蒐集			
在　　　　(好的方面)很特別			

三 服飾形象設計的構成要素

2. 為顧客準備設計服飾形象前的個人生活照，共同商榷顧客心目中所嚮往形象的照片，為後期形象設計策劃做參考。可借鑑圖1-3目標形象，作為模板。

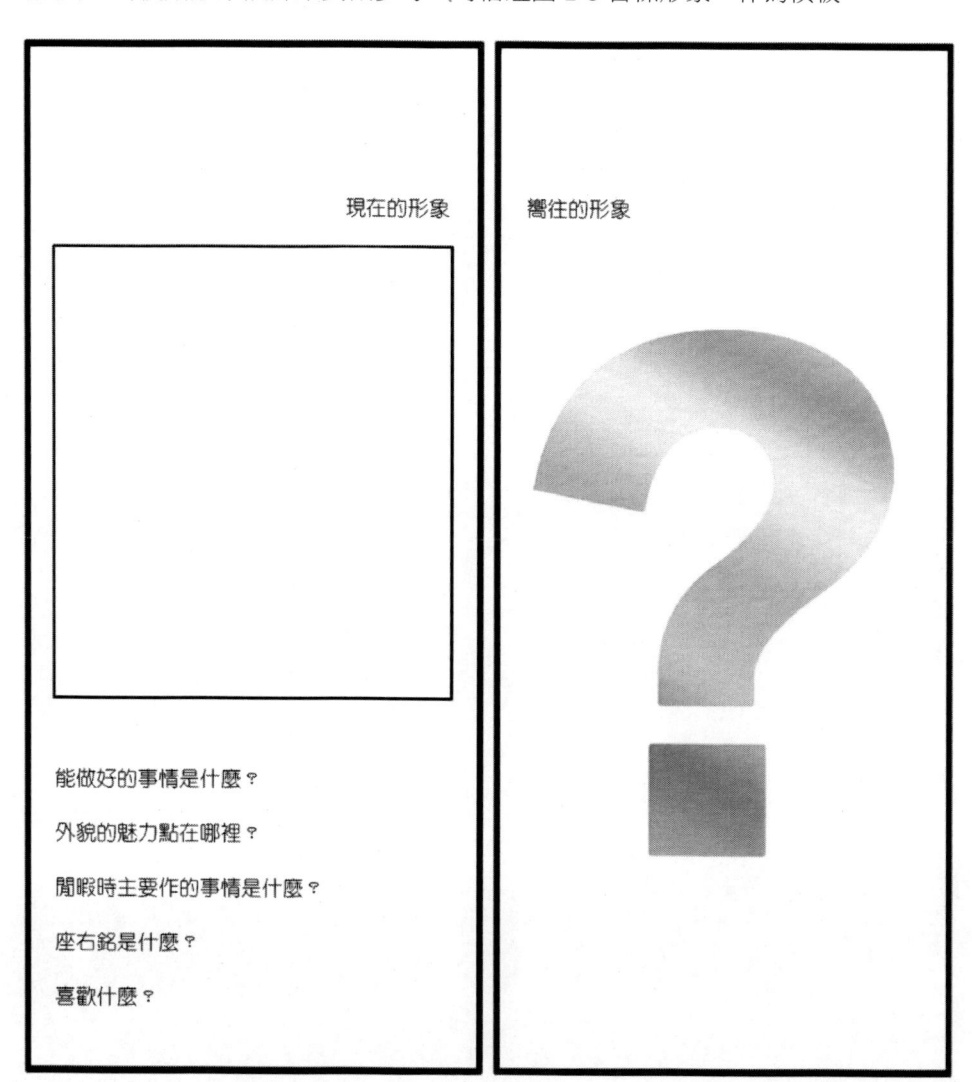

現在的形象　　嚮往的形象

能做好的事情是什麼？

外貌的魅力點在哪裡？

閒暇時主要作的事情是什麼？

座右銘是什麼？

喜歡什麼？

21

個人形象全面改造

第二章 女性審美標準的差異與巧飾

導讀

比較古今中外女性審美差異；瞭解不同時代對女性美的不同認識；對照當代人的審美標準，觀察不同人物的臉型與五官特點，分析其外貌的優缺點，並提出揚長避短的修飾方法。

章節重點：在夯實理論的基礎上，在課堂開展大量的現場互動分析模式，調動學生的主動性，積極參與實際操練，培養敏銳的觀察能力和分析能力。

其他補充：查閱中外歷史圖文資料，收集各時期女性美的代表人物。

愛美之心人皆有之。在中國歷史上，古代有貂蟬、西施、王昭君和楊貴妃（圖2-1），四大美女具有「閉月羞花之貌，沉魚落雁之容」；在現代人眼中有唇紅齒白、濃眉大眼、秀外慧中等不同審美角度。可以說，人們從來沒有停止過對美麗的追求。不同的民族、國家、時代和文化產生了不同的審美標準，但無論怎麼迥異，美都包含兩個方面，即內在美和外在美。二者都是審美主體對審美客體的認識內容，不同的是，外在美可以直觀把握，而內在美則需要在間接的審美過程中逐步展現，才能為人所認知。內在美主要是指有正確的人生觀和人生理想；高尚的品德和情操，亦是內在美的重要內容；豐富的學識和修養，也是人的內在美所不可或缺的。

圖2-1 中國古代四大美女

個人形象全面改造

一 女性形象美差異觀

外在美又稱形象美，包括生理、表情、語言、動作、服飾打扮、衣著、髮型、言談舉止給人的感受，身高、體重、曲線、三圍等方面的協調程度。

（一）東方女性形象審美標準

1. 中國古代人物審美意識的變遷

不同的民族和時期，人們的審美標準有所不同，如圖 2-2 所示為中國古代女性美的標準：先秦時期崇尚自然之美，秦漢時期崇尚莊柔之美，魏晉南北朝崇尚逸雅之美，隋唐五代崇尚豐腴之美，宋元時期崇尚纖弱之美，明清時期崇尚剛柔消長之美。人物審美意識受到特定時代的物質條件、社會關係以及政治、哲學、文化、藝術等思想的影響和制約。

（1）先秦時期：崇尚自然之美

「清水出芙蓉，天然去雕飾」，這句詩是大詩人李白的名句，反映出先秦時期人們欣賞女性的審美觀，即自然樸素之美。西施是先秦時期自然樸素美的典型代表人物，「西施衣褐而天下稱美」說的是西施因家貧常穿粗布衣服，但仍掩不住她的天然樸素之美，人們形容她是「顏如玉，膚勝雪，細腰若柳，青絲如瀑」，也被作為古代美女的代稱。

（2）秦漢時期：崇尚莊柔之美

端莊頎碩之美，本是漢代宮廷選美的正統婦容標準，即「姿色端麗，合法相者」。但漢代的風流帝王們卻喜好能歌善舞、儀態萬千的纖柔女性，崇尚纖柔之美。高祖劉邦最寵愛的戚夫人就是能歌善舞的美婦；漢武帝劉徹的皇后衛子夫及「北方有佳人，絕世而獨立」的李夫人都是纖柔俏麗善舞的人；漢成帝的皇后趙飛燕、昭儀趙合德更是以纖細嬌艷著稱，尤其是趙飛燕體態纖美，輕盈如燕，相傳其能在掌中起舞，故稱「漢宮飛燕」。她們都算得上是古代的舞蹈藝術家，是體態婀娜、舞姿美妙的絕色女子。

（3）魏晉南北朝：崇尚逸雅之美

伴隨玄學與佛教的流行，魏晉時期出現了多才善辯、飄逸風雅的女性之美，如東晉才女謝道韞。在「竹林七賢」的「林下風氣」影響下，飄逸風雅之美成為魏晉

時期的主流審美標準。曹丕稱帝冊封甄氏為皇后，甄氏不僅姿貌絕倫、氣質非凡，而且才智過人，是魏晉時期女性飄逸風雅之美的典型代表。晉武帝的選美標準是：入選美女必須是出身顯貴的未婚女子，而且「美貌、高個、膚白」。宮廷婦女以飄逸富麗為美，民間士族婦女則追求飄逸淡雅之美。

（4）隋唐五代：崇尚豐腴之美

隋唐的選美標準以「美貌、高個、膚白」為主，隋煬帝採選民間童女的標準是「姿質端麗者」。盛唐時期，人們的審美情趣產生了微妙變化，開始崇尚豐腴肥碩的女性形象，可從唐代仕女圖與雕塑中的婦女形象得以印證。武則天生得「方額廣頤」，寬寬的額頭，豐滿圓潤的面頰，是一位豐滿健碩的美女；唐玄宗的貴妃楊玉環則是古代最著名的胖美人，是古代豐腴肥碩、雍容華貴之美的象徵。

（5）宋元時期：崇尚纖弱之美

宋代以後，纖柔病弱之態成為女性美的主流，造就大批溫柔賢淑、嬌羞無力的「病美人」。宋代皇帝選妃子出現重德輕色傾向，大多選自高官顯貴之家，后妃們恪守禮教，溫柔恭順，莊重寡言，以美貌出眾得寵而被封為后妃的為數極少。北宋中期，纏足自宮廷傳至民間，於是，弱不禁風的小腳女人成為女性美的典範。到了元代，纏足更加盛行，「三寸金蓮」等小腳代名詞常見於元人詞曲之中，甚至出現崇拜小足的拜腳狂。

（6）明清時期：從崇尚柔弱轉變為崇尚剛健

「牌坊要大，金蓮要小」是明清時期人們對女性道德美與形體美標準的形象概括。上層統治者極力倡導女性的貞節與纏足，小腳成為女性美的第一標準，沒落文人中出現小腳癖與拜腳狂。直至清代後期才產生反纏足思潮，萌生健美的女性美觀念，形成剛健與柔弱兩種審美情趣的此消彼長。明清兩朝人眼中女子「柳腰蓮步，嬌弱可憐」是最美的。明代宮廷選美講求「德容兼具」，且所選后妃多出身於民間貧寒之家，以此助帝王厲行節儉。明代雖重婦德，但美貌（含小腳）仍是選擇后妃的最重要標準。

先秦時期：崇尚自然之美
秦漢時期：崇尚莊柔之美
魏晉南北朝：崇尚逸雅之美
隋唐五代：崇尚豐腴之美
宋元時期：崇尚纖弱之美
明清時期：崇尚剛柔消長之美

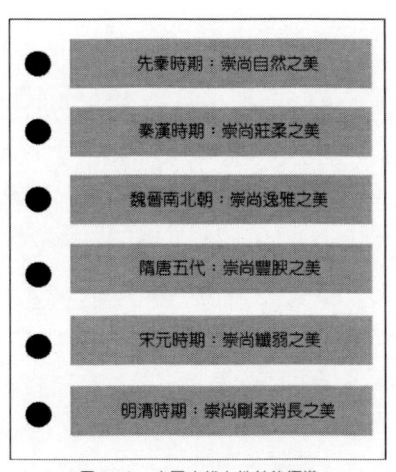

圖2-2　中國古代女性美的標準

個人形象全面改造

2. 中國現代女性形象美審美標準

中國傳統美女的標準是：飽滿的瓜子臉，眉毛細長如彎彎的新月，四肢和手指纖巧，皮膚細膩，白裡泛紅。常以「豐胸肥臀」、「窈窕佳人」、「骨感美人」、「面帶桃花」來形容不同體態風貌的美人，外貌成了評價美女的重要標準之一。隨著時代的進步和社會的發展，人們對美女的定義也悄然變化，多用「白領麗人」、「氣質美女」、「知性美女」這些詞語來形容，這充分說明了人們從對外表的重視逐漸傾向於對後天修養的重視和讚揚，如楊瀾、蔣雯麗都是符合現代人審美標準的知性美女。

（二）西方女性形象審美標準

在西方國家，人們對容貌的審美標準可用「高鼻深目」形容。在西方有崇尚橢圓形臉，平滑的額頭，筆直挺起的鼻樑，扁桃形眼睛的傳統。

文藝復興時期，義大利畫家達文西和拉斐爾等筆下的女人帶有某種嚴肅的美。在達文西看來，面部形象應當是臉部最寬處等於唇至髮際距離的長度；嘴的寬度等於唇到下顎距離的長度；唇到下顎的距離是臉長的 1/4；兩眼之間的距離等於一隻眼的寬度；耳內的長度與鼻子的長度相等；鼻樑正中到下顎的距離為臉長的 1/2 等。《蒙娜麗莎》的神祕微笑使多少人為之傾倒，她除了有雙最美的手外，還有母性的溫柔，如圖 2-3 所示。

1940 年代，美國影星瑪莉蓮·夢露（圖 2-4）那迷人並帶有孩子般調皮的神情，在人們心中經久不衰，以至當今各個年齡段的女性都以她為美容的樣板。如今，人們認同「健康即是美」的觀點。美國人眼中的標準美女：豐滿、肉感、有個性。因而，對美國人來說，一條破舊的牛仔，一雙灰黑的運動鞋，加上一雙幽藍的眼睛，黝黑的皮膚、豐滿的身材、苗條的細腰是構成美的重要因素。在儀表上，髮型的要求最高，它可以凸現個性，因此，不管怪誕還是優雅的髮型，都有不同的美。與髮型相比，唇妝和眼妝次之，嘴唇飽滿、性感是首要考慮，眼妝則須表現眼睛的嫵媚和明亮。在性情上，須開朗、幽默、風情，例如，安潔莉娜·裘莉的自由奔放。

英國人眼中的標準美女必須是會化妝，具有貴族氣質。內在方面，做事穩重，既掌握分寸，不緊不慢，又有端莊、嚴肅的氣質。外表方面，性感而莊重。外在方面，必須每天堅持化妝，保持良好的、一絲不苟的外部形象：頭髮整齊，胸部豐滿，櫻唇美豔，大腿修長。例如，英國女星艾瑪華森被時尚雜誌評為「五官最完美的女星」，她才色兼備、復古而不失新潮。

一 女性形象美差異觀

圖2-3 蒙娜麗莎　　　　　　圖2-4 瑪莉·蓮夢露

　　法國人眼中的標準美女：韻味十足的女人，舉止嚴謹、服裝雅緻得體、與人交往講究語言藝術、語調優美有魅力、待人接物有風度、脖子挺直有力度、腰細豐滿、浪漫優雅、甜美多情。如法國美女蘇菲·瑪索，她有著一雙清澄、憂鬱的褐色大眼睛，讓世界為之傾倒。這位「法國最漂亮的女人」，兼有西方人的性感、東方人的神祕，渾身散發出一種魅力不可動搖的迷人氣息。

　　人們在對自然美、社會美、藝術美，乃至人體美、人性美、人格美等不斷探索的歷史過程中，也按照美的規律不斷地塑造自己。當某種感知變得遲鈍或失去新鮮感時，便產生審美飽和，於是，在尋求新的事物中產生新的審美意識或標準。因此，在歷史的車輪中，審美意識（標準）被打上了深深的時代烙印。

27

個人形象全面改造

二 臉部與頭部的審美標準

臉部是由覆蓋在面部骨骼表面的面部肌肉形成的外觀。

臉部五官的位置最重要的是互相的比例關係。例如，三庭五眼、三點一線、四高三低等。

（一）臉部及五官的審美標準

相貌俊俏，主要是取決於臉部五官的比例是否協調，而中國古代畫家畫人像時總結出來的「三庭五眼」則精闢地概括了面部的標準比例關係，即臉部長與寬的比例關係，國際上通稱為面容的「黃金分割」——1：0.618。（圖2-5）

「三庭」是指將面部縱向分為三個部分：上庭、中庭、下庭。上庭是指從髮際線至眉際，中庭是從眉際至鼻底線，下庭指從鼻底線至頦底線。如果「三庭」正好是長度相等的3等份，那麼這樣的面部縱向的比例關係就是最好的。

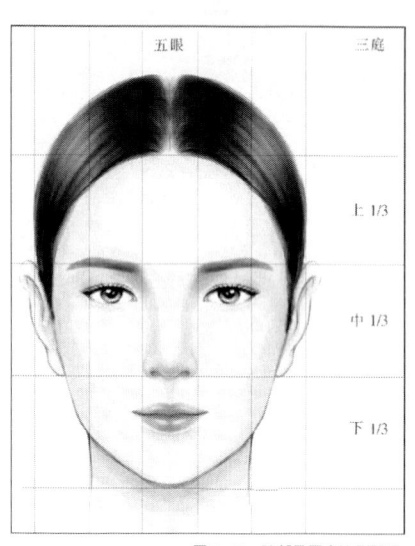

圖2-5 臉部及五官比例關係

「五眼」是指以自己的一隻眼睛的長度為衡量單位，在面部橫向分為5等份。

「三點一線」是指眉頭、內眼角、鼻翼三點構成一條垂直直線。

「四高三低」是指作一條垂直通過額部—鼻尖—人中—下巴的軸線，在這條垂直線上，「四高」即額部、鼻尖、唇珠、下巴尖。「三低」是兩個眼睛之間，鼻額交界處必須是凹陷的；在唇珠的上方，人中溝是凹陷的，美女的人中溝都很深，人中脊明顯；下唇的下方，有一個小小的凹陷，共三個凹陷。

在現代人的審美意識中，橢圓臉型（也稱鵝蛋臉）是最完美的臉型。其特徵描述為：面部的長與寬的比例為4：3，前額寬於下顎，突起的顴骨柔順地向橢圓的下巴尖細下去，如圖2-6所示。

圖2-6 橢圓臉型

（二）不同臉型的特點及輪廓修飾技巧

　　臉型是指面部的輪廓。臉的上半部分由上頜骨、顴骨、顳骨、額骨和頂骨構成圓弧形結構，下半部分取決於下顎骨的形態。臉型的分類方法較多，主要有形態劃分法（圓形臉型、橢圓形臉型、方形臉型、長方形臉型、正三角形臉型、倒三角形臉型、菱形臉型）和字形劃分法（國字形臉型、目字形臉型、田字形臉型、由字形臉型、申字形臉型、甲字形臉型、用字形臉型、風字形臉型）等常見分類法。此外，因人的臉型是一個立體的三維圖像，從側面觀察臉型輪廓，也可以分為下凸形臉型、中凸形臉型、上凸形臉型、直線形臉型、中凹形臉型、和諧形臉型。接下來將以常規的形態劃分臉型來解析不同臉型的特點及輪廓修飾技巧。

1. 圓形臉型（圖 2-7）

　　特點：可愛、顯年齡小；扁平、大，缺少立體感、氣質感。

　　化妝時修飾技巧：陰影打在臉的兩側以及顴骨下方的凹陷處，加強額頭與下巴的提亮，造成拉長臉型的效果。著裝時宜穿寬大、開領較深的 V 字領，或長項鏈、長圍巾等裝飾。

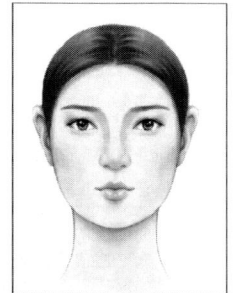

圖 2-7　圓形臉型

2. 方形臉型（圖 2-8）

　　特點：給人穩重、可靠、正直的感覺，但線條過硬、過於嚴肅、成熟。

　　化妝時修飾技巧：在額頭兩側、兩腮部打陰影，重點提亮下巴。

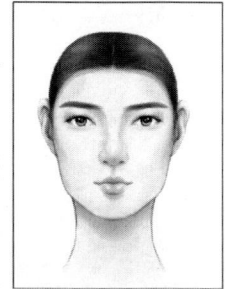

圖 2-8　方形臉形

3. 長方形臉型（圖 2-9）

　　特點：有立體感、精神、幹練，但缺乏親和力，顯成熟。

　　化妝時修飾技巧：在額頭及下巴縱向打陰影，加強臉頰及顴骨下方凹陷處的提亮。

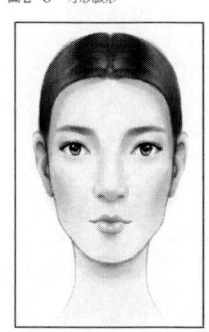

圖 2-9　長方形臉型

29

個人形象全面改造

4. 正三角形臉型（圖2-10）

特點：威嚴、富態、但顯老氣。

化妝時修飾技巧：陰影打在兩腮部，加強下巴的陰影以及整個額頭的提亮。

5. 倒三角形臉型（圖2-11）

特點：精神、機巧、略顯小氣。

化妝時修飾技巧：額頭兩側打陰影，臉頰提亮。

6. 菱形臉型（圖2-12）

特點：精明、幹練、但會使人感覺刁鑽、潑辣。

化妝時修飾技巧：陰影打在顴骨上，整個額頭及顴骨下方的凹陷處提亮。

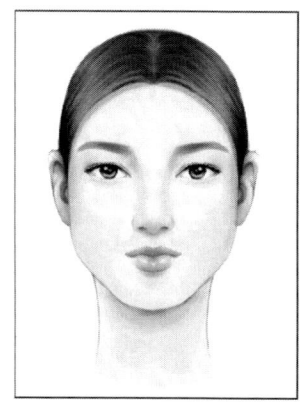

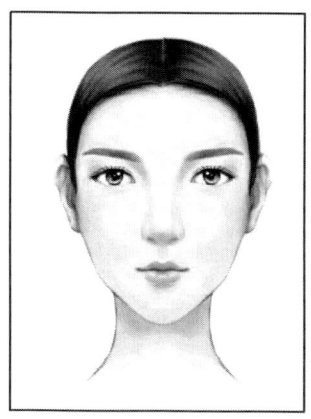

圖2-10　正三角形臉　　圖2-11　倒三角形臉　　圖2-12　菱形臉型

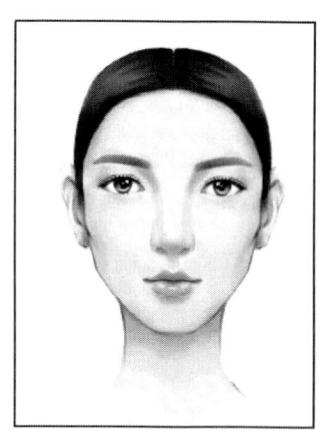

（三）不同臉型適合的眉形

眉形的變化能為臉型造成顯著的修飾作用，一般常見眉形分為：柳葉眉、拱形眉、上挑眉、平直眉。（圖2-13）眉形的曲直變化、長短變化、高度變化、粗細變化能巧妙地配合不同的臉型截長補短。

1. 圓形臉型，適合彎挑眉。描畫時一定要有弧度但不一定太大，不宜過長，整個眉形略粗，眉頭眉腰粗，眉尾細，使視覺集中在中間，讓臉小一點。

2. 方形臉型，適合直挑眉。描畫時可以略粗，不宜過長。

3. 長方形臉型，適合平直眉。描畫時略長略粗，線條柔和，顏色淡。

4. 正三角形臉型，適合平直眉。描畫時略長，拉寬一下上額。

5. 倒三角形臉型，適合拱形眉。描畫時符合線條走向，可稍寬，適當拉長。

6. 菱形臉型，適合拱形眉。

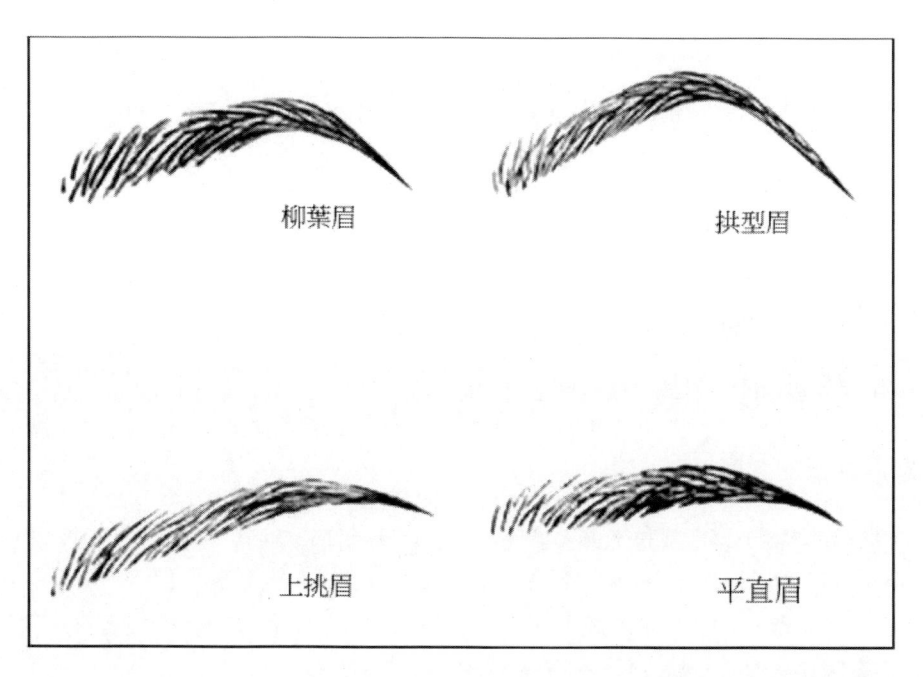

圖2-13 眉型

（四）不同臉型適合的唇形

1. 圓形臉型：切忌小圓唇，唇形略大，唇角略尖，線條略直，唇峰勿太圓。

2. 方型臉型：唇形略大，線條柔和，唇形要圓潤，下唇不宜過厚。

3. 長方形臉型：唇形略小，可以略厚，線條圓潤，顏色柔和。

4. 正三角形臉型：唇形大，下唇不宜過厚，線條柔和，顏色略淺。

5. 倒三角形臉型：唇形略小，線條柔和，圓潤。

6. 菱形臉型：唇形略小，可略厚，線條圓潤柔和，顏色要柔和。

（五）不同臉型適合的腮紅

1. 圓形臉型：斜掃，位置略高，重點在外輪廓、太陽穴到鼻翼（外輪廓）、鼻翼到太陽穴（內輪廓）的位置。

2. 方形臉型：斜掃，位置略高，重點在內輪廓的位置。

3. 長方形臉型：來回橫掃，位置略低，顏色偏淡。

4. 正三角形臉型：斜掃，位置略低，重點在內輪廓的位置。

5. 倒三角形臉型：略微傾斜掃三角，位置略高，重點在外輪廓的位置。

6. 菱形臉型：在顴骨上做環形塗抹，重點在顴骨最高的位置。

三 髮型巧飾臉型

（一）臉型與髮型設計

1. 圓形臉型

圓臉和方臉一樣，都是額頭、顴骨、下顎的寬度基本相同，最大的區別就是圓形臉比較圓潤豐滿，不像方形臉那麼方方正正。年紀小時這種臉型很討人喜歡，但長大後尤其是工作以後，這種臉型經常讓人誤以為過於年輕，缺乏經驗，對其工作能力產生懷疑，因此不少擁有這種臉型的職業女性為此很是苦惱。

此種類型的臉，上下的長度和左右的寬度差不多，給人一種可愛而不成熟的感覺。因此，其髮型設計重點在於兩側的線條要向上修剪，頭頂要弄蓬，才不會讓臉

顯得太圓。忌齊瀏海，瀏海需要長過顴骨的斜瀏海。另外，瀏海要從髮梢削薄，體現出尖銳感為宜。

留長髮的話，宜用中分縫，使頭髮偏向兩側流下，使圓臉具有成熟的印象。適合的髮型是兩邊削薄，挽到後腦勺，適當增加頭頂發層的厚度。這樣就能讓臉顯得長一些，增加穩重感，又不失甜美。短髮則可以是不對稱式或對稱式，側瀏海，或者留一些頭髮在前側吹成半遮半掩臉腮，頭頂頭髮吹得高一些。（圖2-14）

圖2-14　圓形臉髮型設計

圓型臉男士的髮型最好是兩邊很短，頂部和髮冠稍長一點，側分頭。吹風時將頭頂發吹膨鬆，方顯得臉長一些。

2. 方形臉型

方形臉的人一般前額寬廣，下巴顴骨突出，和多邊形臉類似，硬線條，人顯得木訥。方形臉在選擇髮型時要儘量把下顎角蓋住，不要讓下顎角寬度明顯，頭頂弄蓬、瀏海側分，儘量把在臉頰旁的頭髮弄蓬，減少直線的感覺。宜選用不對稱的瀏海破寬直的前額邊緣線，同時又可增加縱長感。這種臉型的人最忌諱留短髮，尤其是超短型的運動頭，宜採用五五分頭，減少寬度的視覺衝擊。

留長髮，髮尾要前梳，覆蓋住兩面頰，可以掩蓋下巴骨骼的突出。如果往後梳，忌打薄，厚厚的髮層能使兩邊臉頰顯得纖弱。一般頭髮不要剪太短，也不要剪太平直或中分的髮型，這樣會使臉顯得更方。頭髮要有高度，使臉變得稍長，並在兩側留瀏海，緩和臉的方正。頭髮側分，會增加蓬鬆感，頭髮一邊多，一邊少，營造出

個人形象全面改造

鴨蛋臉的感覺。在鬢邊留下自然上卷的髮梢,兩邊對稱。髮式以長髮為佳。如果個子矮小不宜留長髮,選擇齊肩短髮最好。(圖2-15)

正確　　　　　　正確　　　　　　錯誤

圖2-15　方形臉髮型設計

3. 長方形臉型

長臉,就是臉型比較瘦長,額頭、顴骨、下顎的寬度幾乎相同,但是臉寬小於臉長的三分之二。一般長臉的人容易顯老,其原因是眼睛到嘴角的距離長,額頭露出較多,因此,為了展示這種臉型的魅力,關鍵要使其具有華麗而明朗的表現力。華麗的表現力要從視覺上縮短臉的長度,同時,還可以表現出沉穩的氣質。額前垂下瀏海是很關鍵的彌補措施。

長臉形的人天生擁有難以言說的高貴氣質,是古代貴婦所鍾愛的臉型。但臉形太長的話,則易變成馬臉,而且臉型長的人下巴較尖,兩頰單薄,因而更顯柔弱,毫無生氣。

正確　　　　　　錯誤

圖2-16　長方形臉髮型設計

三 髮型巧飾臉型

因此，長臉形的人在選擇髮型時要適當加寬額頭寬度，突出高貴氣質，掩蓋病態的美感。

臉形長的人最好採用二八分頭、一九分頭或齊瀏海設計。在髮式選擇上避免採用垂直長髮或短髮，容易顯得老成、呆板，無形中拉長了臉部長度。選用蓬鬆式髮式最為恰當，尤其鬢邊的厚度蓬鬆可以較好地掩蓋臉頰的瘦長感。（圖2-16）

4. 正三角形臉型

正三角形臉型的特徵是窄額頭和寬下巴。對於這種臉型，在髮型設計上應體現額部寬度，把太陽穴附近的頭髮弄得寬一點、高一點，以平衡下顎的寬度，儘量把瀏海剪高一點，使額頭看起來高一些，避免下巴附近頭髮太少。重點應放在頭頂及兩鬢的加寬，下巴的掩蓋上。在髮式設計上採用上半部有動感，下半部穩穩垂下的髮型，能在一定程度上糾正臉型的不均衡感。（圖2-17）

圖2-17 正三角形臉型髮型設計

正確　　　錯誤

5. 倒三角形臉型

倒三角形臉型的特徵是額頭最寬，下顎窄而下巴尖。這種臉型下顎線條很迷人，但容易讓人產生不易親近的感覺，所以，髮型設計的重點就在於減弱這種不利印象。

個人形象全面改造

倒三角形臉的髮型設計應當著重於縮小額寬，並增加臉下部的寬度。具體來說，頭髮長度以中長或垂肩長髮為宜，髮型適合中分瀏海或稍側分瀏海。髮梢蓬鬆柔軟的大波浪可以達到增寬下巴的視覺效果。

避免將整個頭髮向後梳理是一個重要的原則，否則會讓倒三角形的臉更加明顯。稍有瀏海並將兩側頭髮打薄，避免頭髮蓬鬆，如此可讓人感到上半部臉過寬。為使臉看起來豐滿，中長度的髮型最合適。頂部頭髮須高且柔，兩邊須膨鬆捲曲，最好不要用筆直短髮和直長髮等自然款式，因為過於樸素的樣式會使臉部更加單調。適用的髮型以四六分為佳，以便減輕上部寬度對下巴的鮮明對比。具有厚重感的捲髮，可以讓頭部看起來更顯穩重，去掉輕飄飄的感覺，頸部後面濃密捲曲的秀髮，活潑之中更顯優雅，從而減弱尖下巴的薄弱感。（圖2-18）

圖2-18　倒三角臉型髮型設計

6. 菱形臉型

菱形臉型的特徵為前額與下巴較尖窄，顴骨較寬。髮型設計應當著重於縮小顴骨寬度。適合留短髮，上面的髮量蓬鬆，下面輕盈。宜選層次感大的髮型，前額要留斜瀏海，顯得活潑可愛。菱形臉髮量多的人也可以盤起來；最好選擇燙髮，然後

三 髮型巧飾臉型

在做髮型時，將靠近顴骨的頭髮做前傾波浪，以掩蓋寬顴骨，將下巴部分的頭髮吹得蓬鬆些。應該避免露腦門，也不要把兩邊頭髮緊緊地梳在腦後（如扎馬尾辮或高盤）。因此，最適合的髮型是靠近面頰骨處的頭髮儘量貼近，面頰骨以上和以下的頭髮則儘量寬鬆，瀏海要飽滿，可以使額頭看起來較寬。短髮要做出心型的輪廓，長髮要做出橢圓形的輪廓。（圖2-19）

圖2-19 菱形臉髮型設計

（二）髮型選擇的其他要素

1. 根據職業選擇髮型

（1）運動員、女青年、女學生宜選擇輕鬆活潑的髮型。

（2）職業女性宜梳清秀、典雅的髮型。

（3）教師宜選用簡單的、齊頸根的髮型。

2. 根據性格選擇髮型

（1）活潑開朗的女性宜以短髮或流行髮型為主。

（2）穩重幹練的女性宜選用高雅成熟的髮型。

個人形象全面改造

(3) 溫柔清純的女性宜選用直髮。

(三) 髮型欣賞

1. 短髮式樣（圖2-20）

圖2-20 短髮樣式

2. 長髮式樣（圖2-21）

圖2-21 髮型樣式

思考與練習

    1. 對照鏡子觀察自己或同學之間相互觀察,分析其臉型特徵、五官特點,併圖文並茂加以描述。

    2. 分析五位不同臉型的人長相中的優缺點,找出不太滿意之處,並提出合理的修飾方案。

    3. 根據今年的髮型流行趨勢,收集不同風格的長髮、短髮、盤髮各十款。

    4. 對照六種不同的臉型,在身邊的親戚朋友中尋找代表人物,以圖文並茂的形式加以說明。

個人形象全面改造

第三章 化妝造型設計基礎

導讀

　　學習和瞭解各類化妝工具及化妝品的使用，掌握化妝的基本步驟和彩妝技巧；培養學習者對人物造型的鑒賞能力、觀察分析力，以及動手能力；逐步使學生具備因人而異、揚長避短的化妝能力，為塑造人物的整體形象做好面部化妝和頭部髮型設計。

　　章節重點：熟悉色彩運用的原理、人物頭面部結構與素描關係，對時尚流行趨勢有敏銳的獲知能力，對彩妝流行趨勢有一定的感知力；加強對化妝、髮型設計和實踐操練。

　　其他補充：查閱中外化妝史各時期的化妝特點，收集近期各大時尚秀場妝容圖片及流行資訊資料。

一 化妝基礎知識

（一）化妝及其作用

1. 什麼是化妝

　　化妝是人們利用工具與色彩描畫面容，從面貌外型上改變形象的一種手法。

　　從廣義上來說，化妝指對人的整體造型，包括面部化妝、髮型、服飾等方面作改變；從狹義上來說，化妝只是針對人的面部進行修飾，即對人的面部輪廓、五官、皮膚作「形」和「色」的處理。

2. 化妝的作用

　　在現代生活中，人們追求的美應該是健康美、整體美、氣質美、心靈美……化妝正是人們為追求美麗而搭造起的橋梁。

　　化妝的作用主要表現為三個方面：

　　（1）美化容貌：人們化妝的目的是為了美化自己的容貌。

　　（2）增強自信：化妝在為人們增添美感的同時，也為自身帶來了自信。

個人形象全面改造

(3) 彌補缺陷：化妝可透過運用色彩的明暗和色調的對比關係產生視覺錯視感，從而達到彌補不足的目的。

3. 化妝的基本原則

(1) 揚長避短：先找優缺點，擴大優點，淡化和修飾缺點，使人不易察覺。

(2) 真實自然：不虛不誇，力求自然真實的美。

(3) 突出個性：凸顯個人風格，不能千面化，塑造獨特的風格形象。

(4) 整體協調：色調、外型、服飾搭配和諧，視覺柔和、協調。

（二）化妝前後的皮膚護理

1. 人類皮膚的認識

皮膚覆蓋全身，它使體內各種組織和器官免受物理性、機械性、化學性和病原微生物性的侵襲。皮膚有幾種顏色（白、黃、棕、黑色等），主要因人種、年齡及部位不同而異。皮膚是人體面積最大的器官，一個成年人的皮膚展開面積在2平方公尺左右，重量約為人體重量的1/20。最厚的皮膚在足底部，厚度達4毫米，眼皮上的皮膚最薄，只有不到1毫米。

皮膚具有兩個方面的屏障作用：一方面，防止體內水分、電解質、其他物質丟失；另一方面，阻止外界有害物質的侵入。皮膚保持著人體內環境的穩定，同時，皮膚也參與人體的代謝過程。

皮層由表皮層、真皮層和皮下組織構成（圖3-1）。皮膚結構包括有汗孔、豎毛肌、皮脂腺、頂漿腺、毛囊、血管和皮下脂肪等。

(1) 表皮

表皮是皮膚最外面的一層，平均厚度為0.2毫米，根據細胞的不同發展階段和形態特點，由外向內可分為5層。

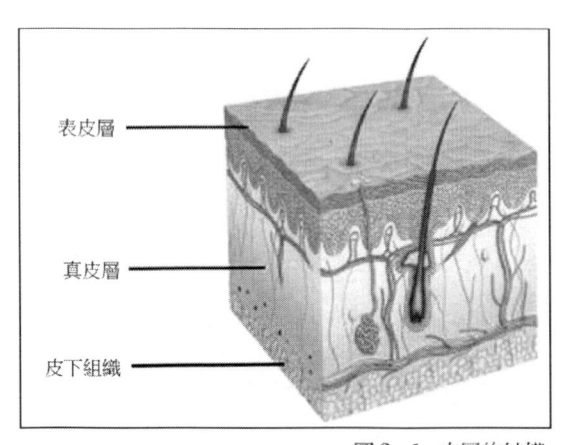

圖3-1 皮層的結構

①角質層：由數層角化細胞組成，含有角蛋白。它能抵抗摩擦，防止體液外滲和化學物質內侵。角蛋白吸水力較強，一般含水量不低於 10%，以維持皮膚的柔潤，如低於此值，皮膚則乾燥，出現鱗屑或龜裂。由於部位不同，其厚度差異甚大，如眼瞼、包皮、額部、腹部、肘窩等部位較薄，掌、跖部位最厚。

②透明層：由 2～3 層細胞核死亡的扁平透明細胞組成，含有角母蛋白，能防止水分、電解質、化學物質的透過，故又稱屏障帶。此層於掌、跖部位最明顯。

③顆粒層：由 2～4 層扁平梭形細胞組成，含有大量嗜鹼性透明角質顆粒。

④棘細胞層：由 4～8 層多角形的棘細胞組成，由下向上漸趨扁平，細胞間以橋粒互相連接，形成所謂細胞間橋。

⑤基底層：又稱生髮層，由一層排列呈柵狀的圓柱細胞組成。此層細胞不斷分裂（通常有 3%～5% 的細胞進行分裂），逐漸向上推移、角化、變形，形成表皮其他各層，最後角化脫落。基底細胞分裂後至脫落的時間，一般認為是 28 日，稱為更替時間，其中自基底細胞分裂後到顆粒層最上層為 14 日，形成角質層到最後脫落為 14 日。基底細胞間夾雜一種來源於神經脊的黑色素細胞（又稱樹枝狀細胞），占整個基底細胞的 4%～10%，能產生黑色素（色素顆粒），決定皮膚顏色的深淺。

(2) 真皮

真皮位於表皮下，由緻密結締組織組成，與表皮牢固相連。機體各部位真皮的厚薄不均，一般為 1～2mm。真皮來源於中胚葉，由纖維、基質、細胞構成。

①纖維：有膠原纖維、彈力纖維、網狀纖維三種。

a. 膠原纖維：為真皮的主要成分，約占 95%，集合組成束狀。

b. 彈力纖維：在網狀層下部較多，多盤繞在膠原纖維束下及皮膚附屬器周圍。除賦予皮膚彈性外，也構成皮膚及其附屬器的支架。

c. 網狀纖維：被認為是未成熟的膠原纖維，它環繞於皮膚附屬器及血管周圍。在網狀層，纖維束較粗，排列較疏鬆，交織成網狀，與皮膚表面平行者較多。由於纖維束呈螺旋狀，故有一定伸縮性。

②基質：是一種無定形的、均勻的膠樣物質，充塞於纖維束間及細胞間，為皮膚各種成分提供物質支持，並為物質代謝提供場所。一般來講，如果皮膚感染到表皮層，它可以再生長，一般不會落疤，如果感染到真皮層就會落疤。

個人形象全面改造

③細胞：主要有以下三種類型。

a.成纖維細胞：能產生膠原纖維、彈力纖維和基質。

b.組織細胞：是網狀內皮系統的一個組成部分，具有吞噬微生物、代謝產物、色素顆粒和異物的能力，具備有效的清除作用。

c.肥大細胞：存在於真皮和皮下組織中，以真皮乳頭層為最多。

（3）皮下組織

皮下組織來源於中胚葉，在真皮的下部，由疏鬆結締組織和脂肪小葉組成，其下緊臨肌膜。皮下組織的厚薄依年齡、性別、部位及營養狀態而異，有防止散熱、儲備能量和抵禦外來機械性衝擊的功能。

2. 面部皮膚的分類

（1）乾性皮膚：膚色較白皙細膩，毛孔細小而不明顯，皮脂分泌量少而無光澤，皮膚比較乾燥，容易產生細小皺紋。毛細血管較淺，易破裂，對外界刺激比較敏感。乾性皮膚可分為缺水性和缺油性兩種，前者多見於 35 歲以上及中老年人，後者多見於年輕人。

（2）油性皮膚：膚色較深暗，毛孔粗大，皮脂分泌量多，皮膚油膩光亮，不容易起皺紋，對外界刺激不敏感。由於皮脂分泌過多，容易產生粉刺及暗瘡，常見於青春發育期的年輕人。

（3）中性皮膚：是健康理想的皮膚，毛孔較小，皮膚紅潤細膩，富有彈性，對外界刺激不敏感。皮脂分泌量適中，皮膚既不乾也不油，多見於青春發育期間的少女。

（4）混合性皮膚：兼有油性與乾性皮膚的特徵。在臉上 T 字部位（前額、鼻、口、下巴）呈油性狀態，眼部及兩頰呈乾性或中性狀態。此類皮膚多見於 25~35 歲的人。

（5）衰老性皮膚：皮膚乾燥、光澤黯淡，皮膚水分與皮脂分泌量少。皮膚的彈性與韌性減弱，出現鬆弛現象，面部皺紋、曬斑、老人斑等明顯。此類皮膚多見於老年人。

（6）敏感性皮膚：它不是一種皮膚類型，而是一種皮膚狀況。有些皮膚不論是油性皮膚、乾性皮膚或混合性皮膚都有可能容易過敏。皮膚較薄，對外界刺激很敏感，當受到外界刺激時，會出現局部紅腫、刺癢等症狀。

3. 皮膚的護理

（1）化妝前的皮膚基礎護理有五個步驟，見圖 3-2。

第一步：清潔。使用適合自己的潔面產品對面部進行清洗。

第二步：使用化妝水。平衡面部的酸鹼度，補充皮膚水分和營養。

第三步：潤膚。使用潤膚的產品，使面部徹底滋潤。

第四步：妝前隔離。塗抹妝前基底乳液或隔離乳／霜，形成一層保護。

第五步：輕輕拍打，讓皮膚充分吸收營養。

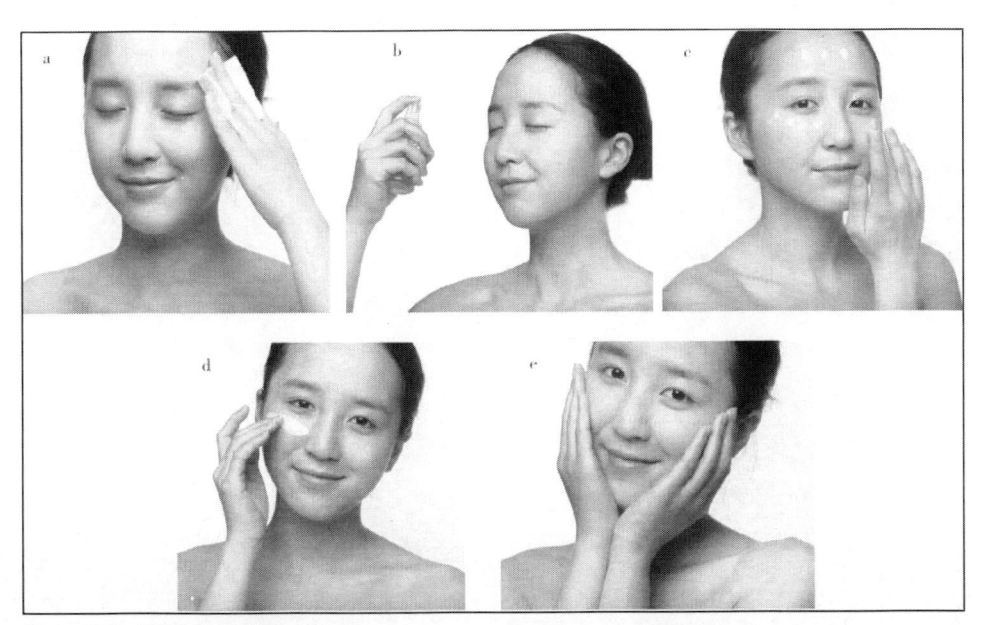

圖 3-2 妝前皮膚護理五步驟

（2）化妝後的皮膚護理

每天睡覺之前一定要徹底清潔皮膚，卸妝的部分不能忽視。

第一，眼部卸妝。使用專業的眼部卸妝產品對眼影、眼線、睫毛膏、眉毛等上妝部位進行卸除。

第二，面部卸妝。使用卸妝油對全臉的化妝進行卸除。

第三，深層清潔。使用深層潔面用品把臉上的殘餘化妝品徹底清洗乾淨。

第四，化妝水。平衡皮膚，收縮毛孔，補充水分與營養。

第五，眼霜與潤膚。使面部全面得到滋潤，保持健康。

(3) 每週的皮膚護理

每週需要為皮膚做一次護理，包括：

第一，去除角質。用角質凝膠或角質霜之類的去角質產品對面部進行深層清潔。

第二，面部按摩。使用按摩膏均勻塗抹進行按摩，增加面部的血液循環，促進新陳代謝。

第三，敷面膜。補充水分，吸收營養，使皮膚得到保護與改善。

（三）卸妝技巧

肌膚上的汙垢可分兩種，包括皮脂與日常生活中沾染的水溶性汙垢及化妝品等油性汙垢。水溶性汙垢只需用一般洗顏劑就可輕易去除；而化妝品類油性汙垢，除非是同樣以油為主要成分的卸妝乳，否則無法清潔乾淨。如果妝卸得不夠徹底，殘留下來的汙垢，會導致色素沉澱、黑斑、青春痘等後遺症。

選擇卸妝乳，必須瞭解先前使用的粉底對肌膚的附著力，並以此為參考條件。卸妝用品種類繁多，在使用新的卸妝品前，請詳讀產品所附的使用說明書。

如果想要迅速而完全地卸妝，非卸妝油莫屬。卸妝油在溶解粉底後會呈油狀，一遇水即產生變化，乳化成白色。如果汙垢未溶解就乳化，清潔效果會大打折扣，所以使用卸妝油時，請保持臉部及手部乾燥。此外，由於單靠清水沖洗無法洗淨油質，必須再使用洗顏劑徹底清除，以免帶來痘痘以及膚色黯沉的後遺症。卸妝品主要有三種形態：液狀卸妝品適合油性皮膚和略施蜜粉的淡妝；凝膠狀卸妝品適合中至油性皮膚和只用蜜粉、粉底液的妝面；乳液狀卸妝品適合中性皮膚和只用蜜粉、粉底液的妝面。

在卸妝時，可從妝較濃的部分開始，所以，一般都是依眼影、眼線、睫毛膏、口紅、腮紅、粉底的順序卸妝，以乾淨的手或是化妝棉，沾取適量的卸妝產品，用畫圈的方式輕輕按摩，待彩妝和卸妝產品融合後，再以面紙或化妝棉擦拭。如此重複數次，直到化妝棉上，再也看不到任何色彩為止。接著以洗面乳或洗面皂將臉洗

淨，可洗去卸妝品的油分和其餘殘留在臉上的髒東西，這樣才能算是完整地完成了清潔肌膚的動作，讓肌膚真正處於潔淨無負擔的清爽狀態。

二 化妝基本用品

　　古人云：「工欲善其事，必先利其器。」化妝工具與材料是化妝的重要物質條件，要想創作精緻的妝容，就必須選擇專業的化妝用品。

（一）化妝工具的類型與作用

1. 化妝刷類型（圖 3-3）

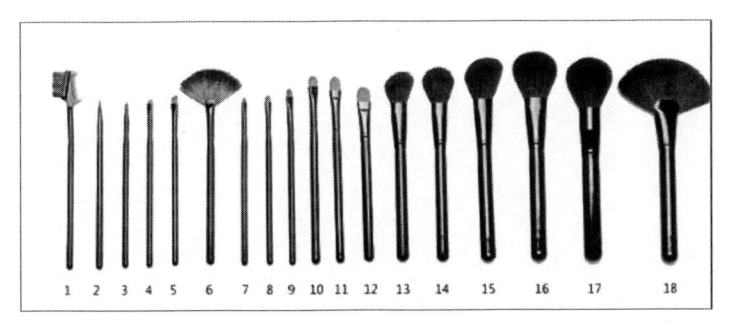

圖 3-3　化妝刷

　　（1）粉底刷（12 號）：毛質柔軟細滑，附著力好，能均勻吸取粉底塗於面部，其功能相當於濕粉撲，是抹粉底的最佳工具。

　　（2）蜜粉刷（14、16 和 17 號）：化妝刷系列中要數蜜粉刷掃形較大，圓形掃頭，刷毛較長且蓬鬆，便於輕柔而均勻地塗抹蜜粉。

　　（3）眼影刷（8~11 號）：掃頭小，圓形或扁形，便於眼瞼部位的化妝。眼影刷分大、中、小三個型號，大號刷用於定妝或調和眼影，中號刷用於塗抹眼影，小號刷用於塗抹眼線部位。

　　（4）眼線刷（3 號）：掃頭細長，毛質堅實，沾適量的眼線膏、眼線粉塗抹眼睫毛根部，就能描畫出滿意的眼線。

　　（5）眉毛刷（1 號）：刷頭分兩邊，一邊刷毛硬而密，一邊為單排梳，可梳理眉毛的同時也可梳理睫毛，使黏合的睫毛便於清晰地分開。

個人形象全面改造

　　（6）眉掃（4號和5號）：掃頭斜角形狀，毛質細，軟硬適中，掃少許的眉粉於眉毛上，自然真實。

　　（7）睫毛刷：刷頭呈螺旋形狀，用於沾取睫毛膏塗擦於睫毛上，平時也可作梳理睫毛之用。

　　（8）唇線刷（2號）：掃頭細長，以便描畫唇部輪廓線條。

　　（9）唇刷（7號）：掃毛密實，掃頭細小扁平，便於描畫唇線和唇角。主要用來塗抹唇膏或唇彩，也可用於混色調試。

　　（10）面部輪廓刷（13號和15號）：斜面的刷頭特別適合面部立體效果的營造，使用時從太陽穴處斜刷向顴骨處，既可以用於修飾臉型，也可以用於提亮高光部位。

　　（11）扇形粉刷（6號和18號）：也稱化妝刷中的清道夫，掃毛呈扇形狀，柔軟蓬鬆。在使用散粉或定妝粉後，用於掃掉多餘的散粉、腮紅粉或散落在臉部的眼影粉。

2. 化妝的輔助工具（圖3-4）

　　（1）鑷子（1號）：頭部兩面扁平，便於夾取物體，主要用於夾取修剪後的化妝美目膠布貼或假睫毛，使其方便地貼於眼部。

　　（2）眉刷（2號）：既是眉刷又是睫毛刷，是雙效合一刷具。用於上眉色前梳理眉毛或上眉色後將顏色暈染得更自然。

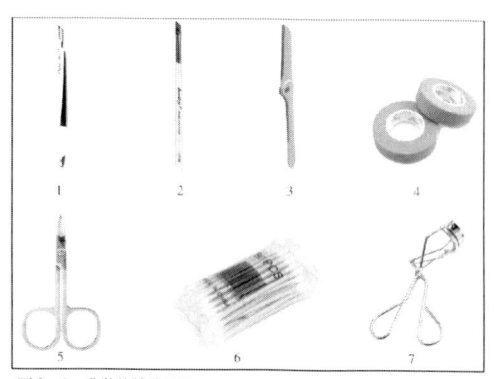

圖3-4　化妝的輔助工具

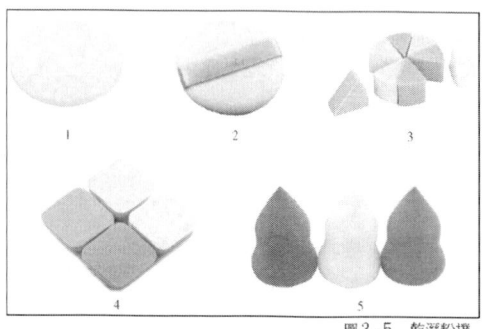

　　（3）修眉刀（3號）：刀片為刀頭，鋒利，便於剃掉多餘的眉毛。因為刀面鋒利，使用時應小心不要刮到皮膚。

　　（4）化妝膠布貼（4號）：透明或磨砂不透明的膠布，用修剪刀剪出理想半彎形膠貼形狀，直接黏貼於雙眼皮疊線的位置。

圖3-5　乾溼粉撲

貼出美麗雙目的方法：打開專業化妝膠布貼，用修眉剪剪出理想大小的彎狀形，用鑷子夾住膠布貼的中間，貼在雙眼皮疊線的位置，從而調整或加寬雙眼皮。

美目貼主要在以下幾種情況下使用：

a. 眼睛大小不對稱；

b. 眼皮鬆弛下垂；

c. 眼皮內雙的眼睛；

d. 加寬雙眼皮效果。

（5）修眉剪（5號）：迷你型剪刀，刀頭部尖端微微上翹，便於修剪多餘的眉毛。修眉剪，也可用作裁剪化妝美目膠布貼。

（6）棉棒（6號）：也可用棉簽，用於面部細小的部位（眼角、嘴角等）的化妝，也可以用於修改妝容或眼影層次的自然暈染。

（7）睫毛夾（7號）：睫毛放於夾子的中間，手指在睫毛夾上來回壓夾，使睫毛捲翹，增強輪廓立體感。夾上都有橡膠墊，可防止使用時睫毛斷裂。

（8）濕粉撲：圓形、三角形、四邊形或葫蘆形的海綿塊，沾上粉底直接塗印於面部，綿塊可觸及到面部各個角落，使妝面均勻柔和，是層層塗抹化妝品的最佳工具，如圖 3-5 中的 1 號、3 號、4 號、5 號。

（9）乾粉撲：絲絨或棉布材料，粉撲上有個手指環，便於抓牢不易脫落，可防手汗直接接觸面部，沾上蜜粉可直接印撲於面部，使膚質不油膩、不反光，均勻柔和，如圖 3-5 中的 2 號。

（二）化妝工具的清洗

長期使用化妝掃不清洗，會使妝面的顏色髒而不純、用色不準，且容易滋生細菌，接觸皮膚後容易產生過敏症狀。為了衛生、健康的化妝，所以要定期對化妝工具進行清潔。

如果每天都使用化妝工具，那麼每隔 4~6 週就應該清洗一次。

清洗方法：先使用溫水浸泡幾分鐘後，用溫和的洗髮水清洗掃頭；然後來回用清水多次清洗泡沫；洗乾淨後不要用吹風機吹乾，要用乾毛巾吸出掃頭的水分，理順掃毛，平放在空氣流通乾爽的地方進行自然風乾。

（三）化妝品的類型與特性

1. 臉部的化妝品（圖3-6）

（1）隔離乳（1號）

隔離乳是化妝前的基本保護，保濕滋潤。可使妝容效果更加服帖，並有效抵抗紫外線輻射，隔離塵垢。使用方法：用手或三角海綿均勻地塗抹於面部。

（2）粉底類

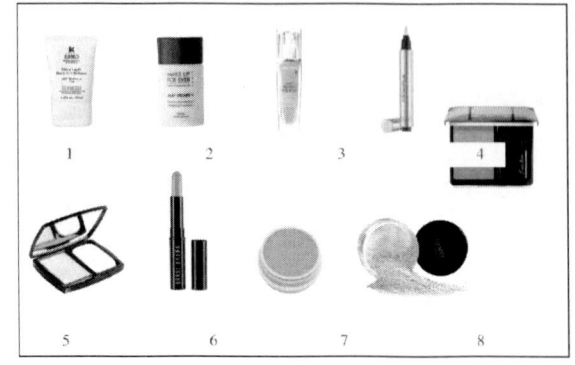

圖3-6 臉部化妝品

粉底類化妝品有較強的遮蓋性，可掩蓋皮膚的瑕疵，改善皮膚質感，使皮膚顯得光滑、細膩、有整體感。

粉底應選擇最接近皮膚的色彩。

使用方法：取少許粉底塗抹在下顎或頸部，然後拿一面鏡子在自然光下觀察，如果看不出差別的、與自身膚色接近的，那就是適合自己的粉底了；色差鮮明，過白或過暗都不適合，因為與自身膚色有一定的區別，難以過渡融合。市場上一般分為兩色系列，偏黃色系列與偏紅色系列。偏黃色系列過渡融合好，接近真實膚色，自然柔和；偏紅色系列的粉底效果使膚色色澤健康而潤和。

粉底的品種較多，常用的有霜類、膏類、液體類、粉質類等。

①粉底霜（2號）：霜狀，相對於粉底液來說水分少，脂類多，粉質密度略大，透明度略小，遮蓋力較好。適用於秋冬季與中性、乾性皮膚。

②粉底液（3號）：液狀，水分多，脂類少，粉質細薄透明，效果自然真實。適用於夏天的中性、油性、混合性皮膚。

③明彩筆（4號）：質地輕柔，既不是凝膠，也不是粉末。這種透明、流動的乳液，既可以在沒有化妝的時候單獨使用，也可以上妝後，在臉上較暗色的部位（眼袋、鼻翼、嘴角、下巴凹陷處）刷幾筆明彩筆，再用指尖輕輕混勻，提亮輪廓，而用在眼圈位置可以有效減少黑眼圈。明彩筆在臉部的特定部位上有捕捉及反射光線

的作用，能使臉部最需要修飾的部位得到補救，妝容明彩亮麗、清新動人；可彌補膚色黯淡的情形，重現自然光澤。

④粉底膏（7號）：成分與粉底霜相同，但水的比例下降，油脂及粉料加大比例。粉質密度厚且乾，透明度低，遮蓋力好，適用於臉部大面積遮瑕與改變膚色膚質。使用粉底膏作底妝，妝容保存時間較粉底液與粉底霜持久。

⑤粉餅、蜜粉（5號和8號）：上好底妝後，用粉撲或蜜粉掃均勻撲印面部，可用於定妝。

⑥遮瑕筆（6號）：直接塗於需遮蓋的部位。

⑦胭脂（9號）：能改善膚色，使膚色變得健康紅潤，塗在臉部適當部位還能調整臉形。以服裝或年齡來選定腮紅的顏色，如橘紅、桃紅、粉紅。使用時用胭脂刷沾取少許胭脂，根據不同臉形輪廓，塗在特定的面頰部位。

2. 眼部的彩妝品（圖3-7）

（1）眉筆（8號）：用於調整眉形、強調眉色，使面部整體協調。使用方法：在眉毛所需要的部位描畫，描畫後再用眉刷或眉掃均勻掃開。

（2）眉粉（3號）：功能與眉筆一樣，區別在於眉粉是粉狀的盒形包裝。使用方法：沾少許眉粉均勻掃於眉部。

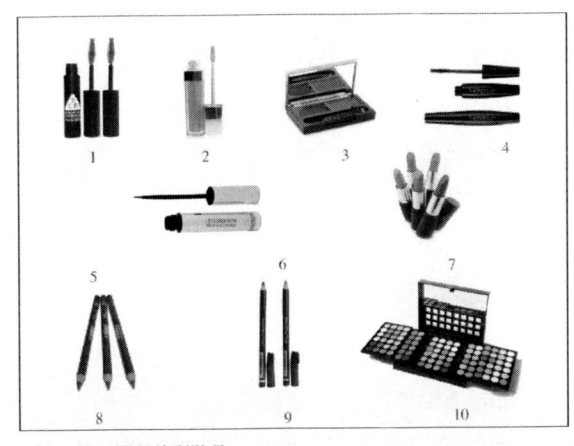

圖3-7　眼部的彩妝品

（3）染眉膏（1號）：深色眉毛膏可加強眉毛的濃密度，淺色眉毛膏可減淡眉毛的顏色。使用方法：用眉刷取適量均勻塗擦在眉毛上。

（4）眼影（9號）：改善和強調眼部凹凸面結構，修飾輪廓，彩色眼影可加強眼睛的神采。使用方法：用眼影掃或眼影棒沾取適量的眼影塗在眼部皮膚上。

（5）眼線筆（7號）：形狀性質接近眉筆，可加強眼睛的立體感，使眼睛明亮有神采。使用方法：貼近睫毛生長毛孔描畫眼線，粗細可隨意控制。

（6）眼線液（5號）：液體眼線筆的性質，與眼線筆一樣，用於調整修飾眼睛輪廓，可加強立體感。分為防水性與非防水性兩種。使用方法：跟眼線筆一樣，區別在於不易控制描畫，但妝容維持時間久。

（7）睫毛膏（4號）：可加強睫毛的濃密度和長度，使眼睛倍添魅力。分為防水性與非防水性。使用方法：從睫毛根部向上「Z」字形轉刷。

3. 唇部的彩妝品

（1）唇線筆：用於勾畫唇部輪廓，增強立體感。使用方法：在唇部邊界描畫理想的唇線，加強立體效果。

（2）潤唇膏：無色或淺色潤唇膏能有效滋潤唇部，預防乾紋與乾燥破裂，防曬潤唇膏能有效地防止紫外線傷害，使唇部保持健康滋潤。使用方法：直接塗於唇部，補充水分不足的部位。

（3）口紅：增強唇部色彩，與整體妝容協調，如圖3-7中7號。使用方法：用唇掃沾適量口紅塗抹於唇部。如果有經驗或懂得技巧可直接塗抹。

（4）唇彩：黏稠液狀，色彩豐富，明亮滋潤，可增加唇部立體感與光亮感，使唇部更加豐滿滋潤，如圖3-7中2號。使用方法：在塗了唇膏的唇上，用唇掃沾取適量唇彩塗抹，也可直接塗抹於裸唇上。

三 基礎化妝

在化妝前先要做好妝前皮膚的保護程式，修好眉形。通常在日常生活化妝中，基本操作步驟依次為：塗隔離霜——塗粉底膏／液——上定妝粉——眼部化妝（眼影、眼線、睫毛、畫眉）——唇部化妝（潤唇膏、唇線、唇膏、唇蜜）——描畫眉形——打腮紅／修顏——調整與定妝。

（一）修眉

眉毛是眼睛的框架，它為面部表情增加力度，精緻的眉形會使面容更具立體感、表現力。

修眉用品：眉毛刷、修眉刀、修眉剪。

修眉方法：先用眉毛刷梳理眉毛，設計眉形後，用修眉刀刮去多餘的眉毛，最後用修眉剪剪去過長的眉毛，完成理想的眉形。

三 基礎化妝

標準眉形的修飾方法，如圖 3-8 所示：

(1) 眉頭和內眼角在同一垂直線上。

(2) 眉梢在鼻翼至外眼角的延長線上，同時有助於確定為長眉型的長度。

(3) 眉梢在嘴角至外眼角連線的延長線上，可以確定短眉的長度。

(4) 眉峰在眉頭至眉梢的 3/1 處，或者是眼睛平視正前方時，瞳孔外側邊緣線上的位置。

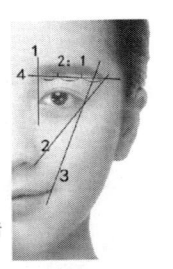

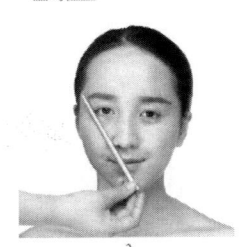

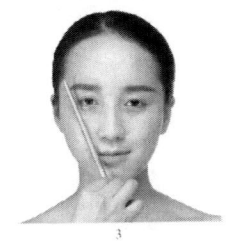

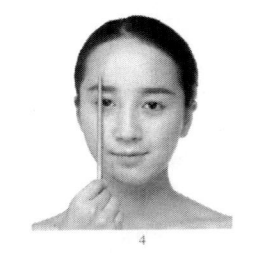

圖 3-8　標準眉型的修飾方法

（二）妝前基礎霜調理肌膚

第一步：塗抹妝前基礎霜

妝前基礎霜具有讓粉底與肌膚更緊密貼合的功效。使用妝前基礎霜，能將肌膚表面調理得細膩光滑，使粉底持久不易脫妝。從清爽型到滋潤型，妝前基礎霜的類型也多種多樣，可根據自己的膚質及不同的季節來選擇。

塗抹整個面部需要使用一顆櫻桃大小的量。這裡的訣竅是用中指和無名指取出少量，分別點在雙頰、額頭、鼻頭和下巴部位，然後用指尖、三角海綿，快速輕柔地勻開，如圖 3-9 所示。

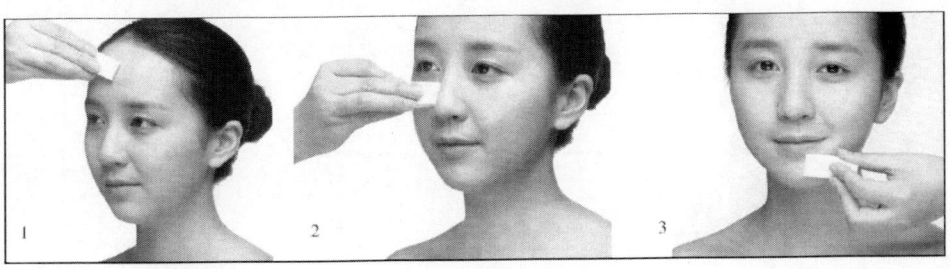

圖 3-9　塗抹基礎霜

個人形象全面改造

第二步：使妝前基礎霜貼合肌膚

妝前基礎霜若是浮在肌膚表面會造成粉底塗抹不均，為了避免出現這樣的問題，塗抹完畢後可用掌心輕按整個面部，使妝前基礎霜充分融入肌膚。同樣，眼部和唇部周圍也可用指尖輕按，使其滲入肌膚，如圖 3-10 所示。

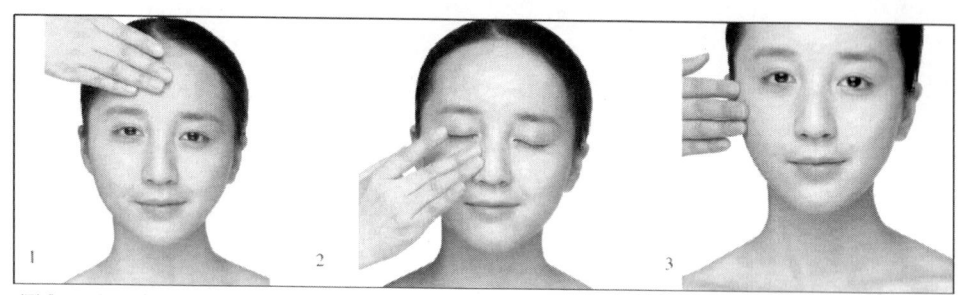

圖3-10　使基礎霜貼合肌膚

第三步：塗抹 CC 霜遮瑕

CC 霜能解除臉色暗沉及雙頰泛紅等膚色煩惱，只要少量並均勻暈開，就能調理出自然的膚色。CC 霜有橙色、黃色、綠色等多種色彩，遮瑕能力各異，既可單獨使用，也可與粉底混合使用，能有效地調整膚色。使用時用指肚輕輕拍打，使其融入肌膚，如圖 3-11 所示。對於泛紅現象較明顯的人，使用綠色色控霜能有效鎮靜美白；白色 CC 霜既能掩蓋雀斑，又有提亮高光效果；黃色可遮飾茶色黑眼圈和暗紅部位；粉色顯紅潤；橙色可針對青色黑眼圈；紫色可解決膚色暗沉問題。

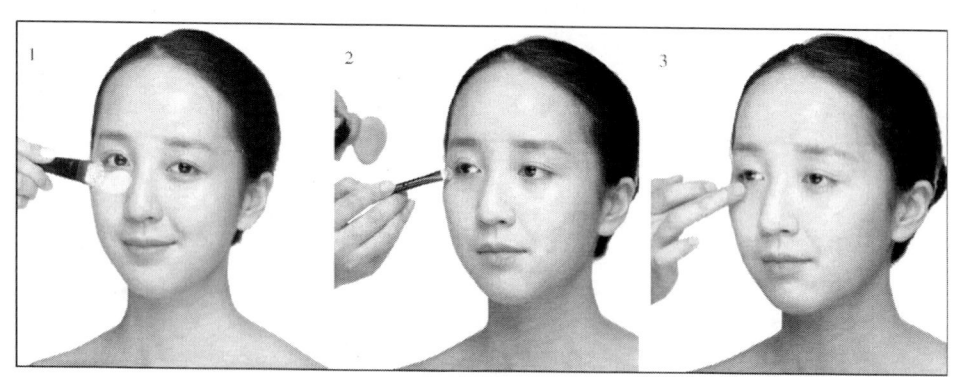

圖3-11　CC霜遮瑕

三 基礎化妝

第四步：打粉餅定妝

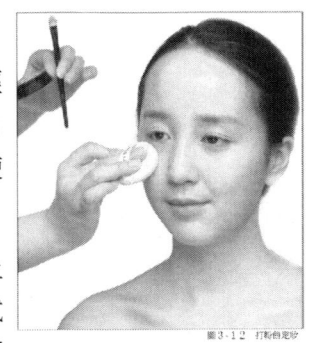

粉餅的魅力在於它擁有滑爽、輕盈的觸感，可造就輕柔啞光的膚質感。且小巧便於外出攜帶，使用起來也方便；但缺點是海綿容易沾上過多的粉，導致塗抹過厚；所以使用時要注意用量，儘量塗抹得輕薄一些。

使用方法：用海綿在粉餅表面輕按1～2次，沾上粉。先在單側臉頰由內向外輕拍塗開，另一側以同樣方式塗抹。接著，用海綿從額頭的中心部開始向著外側塗抹開來。塗過額頭後，將海綿順勢向下滑至鼻梁，上下滑動著塗抹整個鼻部。鼻翼兩側的細小部位和鼻子下方也要仔細塗抹，眼部與唇部周圍也要用海綿輕輕按壓著上妝，如圖3-12所示。

圖3-12 打粉餅定妝

第五步：臉部輪廓的修飾

使用比膚色暗一個色調的修容粉底，習慣上稱為「陰影色」，用於臉部輪廓線或需要塑造出緊致效果的部位，巧妙地運用陰影色可達到「小臉」的效果，如圖3-13中1-6步所示。

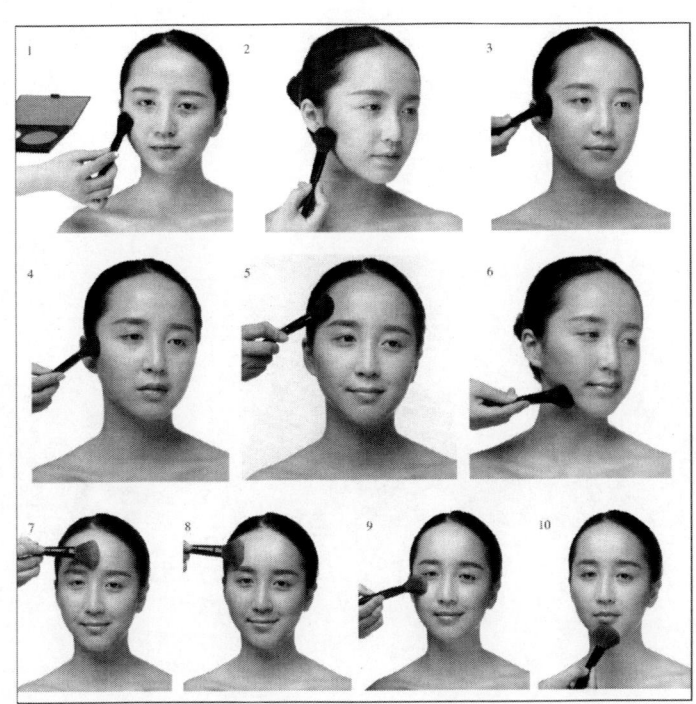

臉部輪廓線的修飾方法：從耳前方朝著下巴方向輕輕地塗抹開來。塗刷時要呈偏狹長的形狀，要想塑造出美麗的側影還需注意頸部與臉部的分界線，可對著鏡子查看化妝效果，模糊分界線，不能有明顯的分界線。

「高光粉」用於鼻梁和額頭等T字部位。使用後，這些部位會顯得明亮突出，在臉部形成自然的立

圖3-13 臉部輪廓的修飾

55

個人形象全面改造

體效果。普遍使用的是白色或珠光白色。但是，褐色肌膚的人更適合使用大地色系或淺金色系，那樣看上去會顯得健康而有活力，如圖 3-13 中 7-10 步所示。

（三）眼部化妝

眼部是面部化妝的重點部分，可以參考圖 3-14 和圖 3-15。

方法一

方法二

方法三

圖 3-14　眼影塗抹的方法

56　第三章 化妝造型設計基礎

三 基礎化妝

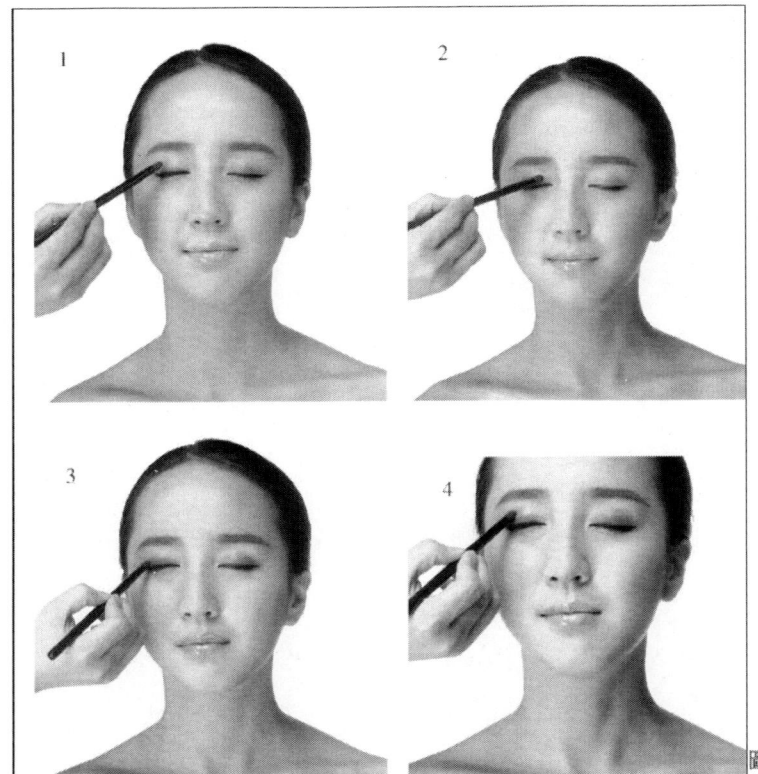

圖3-15 畫眼影

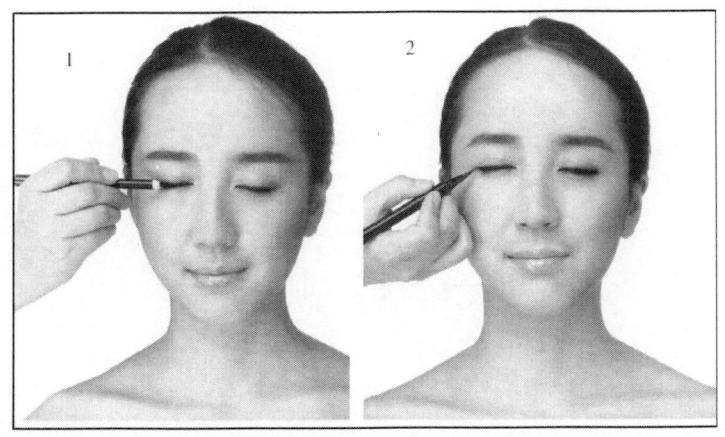

圖3-16 描畫眼線

個人形象全面改造

第一，眼影的塗抹方法。

日常生活中眼影的化妝方法主要有三種。

方法一：上淺下深水準暈染。由睫毛根部開始塗眼影，由深至淺、由下向上水準塗抹。

方法二：上深下淺水準暈染。以雙眼皮疊線為界，上深下淺水準塗抹。

方法三：左右垂直暈染。眼影由外眼角向內眼角塗抹，顏色由外向內漸淺。

第二，眼線的描畫。在睫毛根部開始描畫（粗細長短可根據需要而定），可用棉棒在眼線上輕輕推開顏色，使眼線自然柔和。不要在外眼角處連接上下眼線，這樣會使眼睛看起來較小而刻板。（圖3－16）

第三，塗睫毛膏。先用眉毛刷的單排梳理順睫毛，再用睫毛夾從睫毛根部由內向外來回幾次夾翹，塗上睫毛保護底液後，用睫毛膏從睫毛根部由內向外「Z」形來回塗抹，達到濃密纖長的效果。（圖3-17）

圖3-17　塗睫毛膏

個人形象全面改造

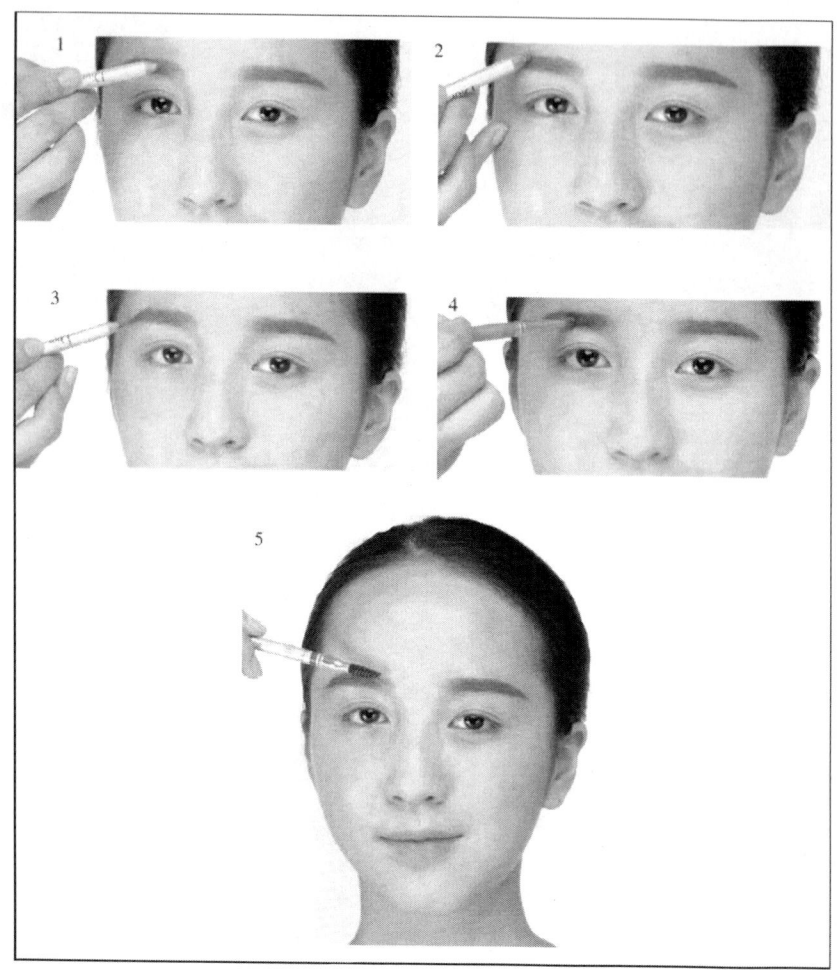

圖3-18　畫眉

第四，畫眉。在修好的眉毛上，用眉筆填補眉毛上的空白處，描線長短不一，如果眉毛短，可以眉尾加長，以自然真實為基本標準，效果不宜太生硬或太黑。顏色最好選用深咖啡色——接近東方人毛髮的顏色，如果頭髮漂染為淺咖啡色或淺金色系，可選用淺咖啡色的眉筆。最後，在眉毛上可使用透明睫毛膏定型。（圖3－18）

不同的眉形能體現不同的個性。

上挑眉：精明、俐落，刁蠻任性；

平眉：年齡顯小，純情自然；

不規則眉：隨意；

單側眉：誇張、個性、另類；

標準眉：濃淡、粗細適中，表現中立性；

細眉：無眉峰，嫵媚妖嬈，較神祕；

劍眉：英氣十足。

（四）鼻子和唇部化妝

1. 鼻子的化妝

　　一般人都以又挺、又高、又直的鼻子為美，所以，塑造鼻子的立體感是化妝的主要任務。鼻兩側用淺咖啡色（或淺褐色）塗抹，要自然，不能過深。鼻梁處為高光部位，所以用亮色的鼻影或眼影塗抹，效果光暗明顯，輪廓清晰。

2. 唇部化妝

　　一般唇部的化妝步驟如下（圖3-19、3-20）：

圖3-19　裸色口紅

個人形象全面改造

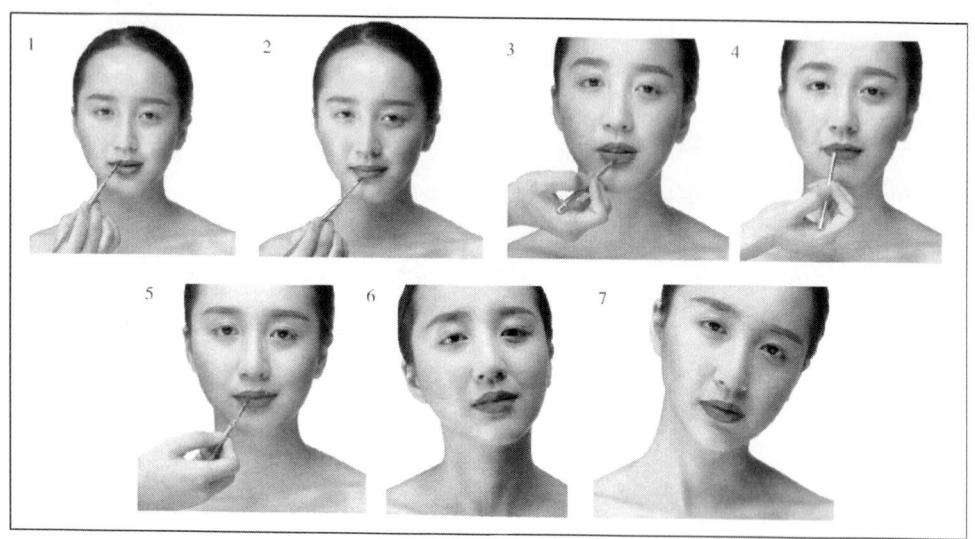

圖3-20 烈豔紅唇

　　首先，用唇線筆在唇線邊描畫理想的唇形。自然唇色可不畫唇線，豔色或深色口紅則需要描唇線；

　　其次，塗抹護唇膏作保護基底，用唇掃取適量口紅均勻地塗在唇上，以填充不足的部位；

　　最後，塗上一層唇彩，使唇部飽滿有光澤。

　　另外，為了塑造豐潤的唇，宜選用反光度較好、比較滋潤的唇部用品，這樣會使嘴唇顯得飽滿。如果嘴唇薄，可用唇線筆緊貼唇線邊外勾畫大小適合的唇形，然後用唇膏填充顏色，塗上薄薄的唇彩使嘴唇豐滿亮澤。

（五）腮紅

　　生動的表情取決於腮紅的塗抹位置。腮紅的巧妙使用可令整個妝容活色生香，既能營造出明亮健康的表情，調節整個臉部妝容的協調感，還可為肌膚添幾分通透感。根據不同的腮紅塗抹方法，可打造出或可愛俏皮、或成熟嫵媚的妝容。

　　在鬢角至顴骨的位置斜向掃上腮紅，會使臉部妝容透出濃濃的女人味，上妝時使臉頰泛出紅暈即可。在微笑時，臉部的最高位置呈圓形，刷上腮紅可營造出孩童般的純真面容。而橫向呈狹長形掃上腮紅會使整個臉形顯短。一定要將腮紅充分暈開，這時建議使用粉色系。

62　第三章 化妝造型設計基礎

直接將腮紅塗抹在臉上會讓色彩顯得過於濃重，顏色過重會破壞整體妝容的和諧感。所以，在塗刷腮紅之前，要用腮紅刷沾上腮紅，先刷在手背上查看顏色效果並調整色調。

塗刷腮紅時的關鍵是將最濃的顏色塗抹於顴骨最高處。然後，輕柔地左右上下移動腮紅刷，將腮紅均勻地掃開。再用粉撲將腮紅暈開，使其不浮於肌膚表面，與肌膚自然融合。應注意的是，不能向著鼻部兩側塗抹腮紅，而是要向著外側以畫圓圈般的手勢塗刷，這樣可渲染出柔和的效果。（圖 3-21）

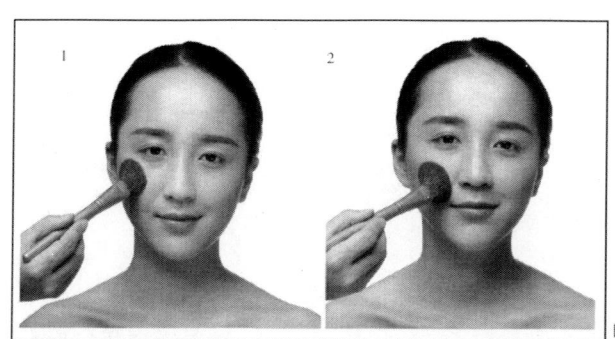

圖 3-21　腮紅

（六）高光和陰影

高光和陰影是打造立體感妝容的重要環節。透過光影的變化，塑造立體妝容。在額中 T 字部位眉骨處眼睛下方，最容易出現膚色暗沉，在鼻梁、下巴的位置掃上白色高光粉，可以保持力度的輕盈，但不能一次塗抹太多。陰影部分主要在三個區域上描畫，分別是額頭髮際線附近、臉頰和臉部輪廓線位置，沾取褐色側影粉，在以上三個區域輕掃即可。

（七）調整與定妝

定妝一般是用散粉，也可以選擇蜜粉，是彩妝妝底最後一步。最後妝容完工時蜜粉可以再次用於定妝檢查。

方法是用蜜粉掃或乾粉撲沾少許蜜粉均勻塗於面部，固定完成的妝容，使保存時間持久，檢查妝面是否有殘缺或不乾淨處加以處理。定妝可令肌膚亮麗通透，妝容自然清爽。

個人形象全面改造

四 彩妝技巧

化妝是現代都市女性熱愛生活的一種表現，是一種積極的生活態度。在繁忙的日常工作、生活中，根據出席場合和角色轉換，選擇合時宜的妝容是公共禮儀的一部分，同時也是尊重他人的一種表現。

在日常工作或生活中，一般女性可根據出席時間、場合、身分的不同，分別採用淡妝、彩妝、晚宴妝、時尚妝。本節將逐一進行妝容設計的講解。

（一）淡妝

1. 妝面效果：自然淡雅

（1）適合人群：白領族、職業型、假日休閒型。

（2）自然淡雅妝畫法：

①粉底：選用與自己膚色接近的顏色粉底，不要過白或過暗，自然服貼即可。

②眼影：選用淺棕等淺暖色系，此色系顏色接近自然，與膚色協調柔和。在外眼角塗上深色眼影，內眼角塗上淺色眼影，兩色中間過渡均勻；描畫上眼線後，下眼線從外眼角到內眼角由深到淺描畫。

③睫毛膏：眼睛是靈魂之窗，夾翹睫毛後塗上睫毛膏是全妝的關鍵之處。

④唇部：選用自然接近唇色的顏色。先塗上護唇膏作基底保護，再淡掃唇蜜即可。

⑤眉毛：深淺適中的淺咖啡色眉筆描畫自然眉形。

⑥腮紅：選用淺粉紅、淺桃紅或淺橙紅，透出淡紅的膚色最為健康。腮紅從太陽穴位置到顴骨斜掃暈染。

⑦在額中、眉骨、鼻梁、下巴處掃上高光粉。

（3）自然淡雅妝效果圖與配色。（圖3-22）

圖3-22 自然淡雅妝

四 彩妝技巧

2. 妝面效果：粉嫩透紅

（1）適合人群：少女型、白領族、職業型、假日休閒型。

（2）粉嫩透紅妝畫法：

①粉底：選用比自己膚色淺一號的粉底液或BB霜，自然帖服。

②眼影與睫毛膏：用眉筆描畫自然眉毛，粉色眼影淡淡地塗抹一層在眼瞼上，描畫內眼線後塗上黑色的睫毛膏。

③唇部：先塗上無色的潤唇膏作基底保護，再塗抹淺紅色唇膏，淡掃一層薄薄的潤彩唇蜜。

④腮紅：粉色腮紅掃抹在顴骨上，以圓圈的手法暈染。

⑤在額中、眉骨、鼻梁、下巴處掃上高光粉。

（3）粉嫩透紅效果圖與配色。（圖3-23）

圖3-23 粉嫩透紅妝

3. 妝面效果：柔霧晶亮

（1）適合人群：少女型、白領族、假日休閒型。

（2）柔霧晶亮妝畫法：

①粉底：方法同上。

②深咖啡色眉筆描畫眉毛，在外眼角塗上深色眼影，內眼角塗上亮色眼影，兩色中間過渡均勻，在下眼線的外眼角上描畫深色眼影，內眼角的眼線上用亮色塗抹，最後塗上黑色睫毛膏。

③唇、高光和腮紅方法同上。

（3）柔霧晶亮妝效果圖與配色。（圖3-24）

圖3-24 柔霧晶亮妝

個人形象全面改造

（二）彩妝

1. 妝容效果：時尚亮彩

2. 適合人群：時尚白領型、時尚職業型、時尚休閒型

3. 彩妝畫法：

（1）粉底：選用顏色自然並與自己膚色接近的粉底。

（2）眼影：可選用彩色系列，包括綠色、藍色、黃色、橙色等，亦可兩色或三色合用，既可運用色彩的反差性，也可運用同類色的和諧統一，上色時應注意表現出色彩豐富的變化與協調的關係，從而為妝容增加時尚亮彩的效果。

（3）腮紅：搭配眼影的協調色彩，可選用粉紅、桃紅或橙紅的腮紅。

（4）唇部：用比唇膏深一級的唇線筆描畫嘴唇的輪廓線，用唇膏均勻填充，最後用閃爍瑩潤的唇彩點綴。

（5）睫毛膏：除傳統的黑色睫毛膏外，彩妝也可選取用藍色、紫色、綠色、橙色或金色、銀色的睫毛膏。睫毛膏也可塗兩層以上，這樣可使睫毛更加濃密、纖長。

（6）眉毛與眼線：眉毛自然描畫，補充缺漏的部分。眼線可略為加深，使眼睛從視覺上增大且有神采。

4. 時尚亮彩彩妝效果圖與配色（圖3-25）

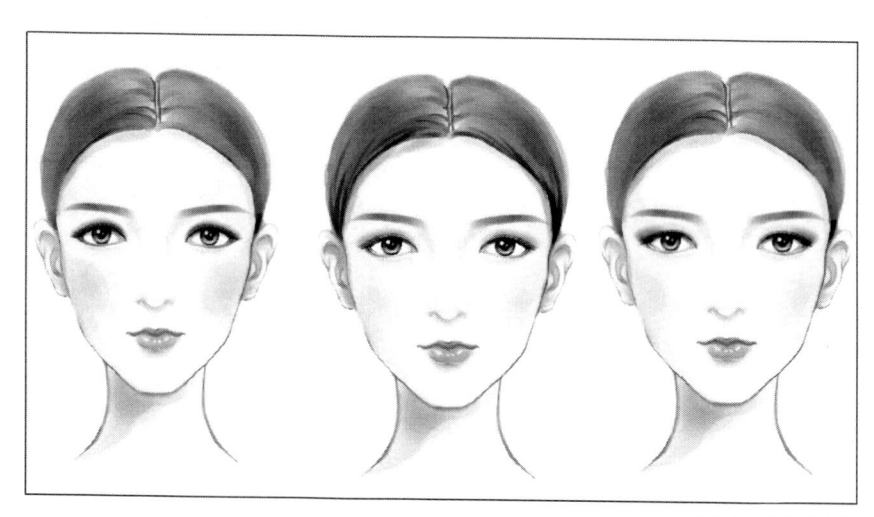

圖3-25時尚亮彩彩妝

第三章 化妝造型設計基礎

（三）晚宴妝

1. 妝面效果：明星幻彩

2. 適合人群：時尚職業型、時尚休閒型、宴會派對人群

3. 晚宴妝畫法：

（1）粉底：粉底可選用遮蓋力強的粉底膏／液，把臉上的斑點、印痕覆蓋，高光與陰影部分塗抹清晰，塑造臉部視覺立體感。

（2）眼影：根據晚宴的服裝搭配相應的眼影顏色，加上閃亮的眼影亮粉，更顯絢麗奪目。

（3）睫毛膏：濃密而捲翹的睫毛使雙眼更加迷人，對於晚宴妝來講，睫毛膏可以濃密些，但不能髒亂地黏在一起。如果睫毛不夠長或濃密時，可以選擇使用假睫毛。顏色也可以大膽嘗試同眼影相配的彩色睫毛膏，如時尚的藍色、嫵媚的紫色、華麗的金色等。

（4）假睫毛的使用方法：先在假睫毛根部線上塗上一層假睫毛專用膠，待其略乾後，將夾翹塗好保護液的眼睫毛，在最貼近睫毛根部的位置貼上，固定後用眼線筆在接合處及內、外眼角畫出眼線位，修飾完美的眼型。

（5）眉毛與眼線：眉毛自然清晰描畫，注意不要過黑，以深咖啡色或灰色為主。眼線可加深加粗，也可使用彩色多樣的眼線筆，如紫色、藍色、綠色、金色、銀色等。

（6）腮紅：在重點為眼部彩妝時，胭脂就低調一點，作為襯托。

（7）唇部：用比唇膏深一級的唇線筆描畫嘴唇的輪廓線條，用唇膏均勻填充，最後用閃爍瑩潤的唇彩點綴，或者塗完潤唇膏後直接塗上裸色唇彩，自然時尚。

4. 明星幻彩晚宴妝效果圖與配色（圖3-26）

個人形象全面改造

圖3-26 明星幻彩晚宴妝

（四）時尚妝

1. 妝面效果：冷豔個性

2. 適合人群：參加舞台、表演化妝晚會、時尚攝影等各種隆重場合的人群

3. 時尚妝畫法：

（1）粉底：粉底可選用遮蓋力強的粉底，把臉上的斑點、印痕覆蓋，高光與陰影部分塗抹清晰，達到臉部視覺上的立體感。

（2）眼影：選用黑色、深咖啡色、深灰色等深色調眼影，加上帶有閃亮效果的眼影亮粉，更具時尚感。眼影與眼線畫法主要以煙燻眼妝為主，層次過渡要均勻流暢。

（3）睫毛膏：濃捲的睫毛使雙眼更有立體感，所以睫毛膏可多塗幾層，或使用假睫毛。

（4）眉毛與眼線：眉毛自然清晰描畫。眼線可加深加粗，煙燻眼妝的下眼線描畫在內眼眶上，再塗上眼影柔和暈染。

（5）腮紅：腮紅色與眼影協調，作襯托，根據臉型與整體服飾效果搭配顏色。

（6）唇部：用比唇膏深一級的唇線筆描畫嘴唇的輪廓線條，用唇膏均勻填充，最後用閃爍瑩潤的唇彩點綴，或者塗完潤唇膏後，直接塗上淡色唇彩，採用自然塗抹的手法，不可喧賓奪主。

4. 冷豔個性時尚妝效果圖與配色（圖 3-27）

圖 3-27　冷豔個性時尚妝

思考與練習

1. 瞭解化妝品的種類，熟練掌握化妝工具的運用，重點練習局部化妝的技法。

2. 根據不同的臉型及五官特點，操作練習修飾眉形。

3. 練習面部化妝中的基礎打底和立體小臉的光影修飾技法。

4. 根據不同的目標顧客或個人，練習日常妝、彩妝、晚宴妝、時尚妝各一款，按步驟完成整個妝容，做到揚長避短。

個人形象全面改造

第四章 人與專屬色

導讀

　　熟習色彩基礎知識，瞭解個人四季色彩理論和色彩十二季型的規律；掌握色彩與人的關係，能正確診斷人的專屬色；能靈活運用色彩診斷專業工具，掌握色彩搭配規律和技巧。

　　章節重點：開展課堂一對一模式色彩診斷、示範教學，組織學生參與模擬的實踐練習，在理論與實踐學習中，讓學生熟練掌握色彩診斷的方法和技巧。

　　其他補充：色彩診斷專業工具。

一 認識色彩

（一）色彩的概念

　　大自然的色彩是迷人的。紅的花、綠的葉、湛藍的天空、蔚藍的海洋，都是一幅幅美麗的畫卷。當人們感受湖光山色時，色彩透過光線進入眼睛並遍布在視網膜上，使視覺神經感受到被大腦知覺的資訊。感受色彩的是視覺神經，然後變換成生物電流信號，透過神經節細胞傳送給大腦。物體的表面色彩取決於光源的照射、物體本身的反射、環境與空間對物體色彩的影響。

（二）色彩的分類

　　色彩世界豐富多彩，按視覺效果來劃分，主要可分為有彩色系和無彩色系。

　　1. 有彩色系：指紅、橙、黃、綠、青、藍、紫等顏色，不同明度和純度的紅、橙、黃、綠、青、藍、紫色調都屬於有彩色系。

　　2. 無彩色系：指白色、黑色和由白色與黑色調和形成的各種深淺不同的灰色。無彩色按照一定的變化規律，可以排成一個系列，由白色漸變到淺灰、中灰、深灰到黑色，色度學上稱此為黑白系列。

個人形象全面改造

（三）色彩的三屬性

1. 色相：即色彩的相貌和特徵，是色彩的名字。如圖 4-1 所示，每種色彩都有相對應的名字。

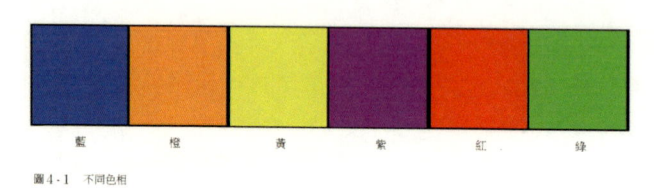

圖 4-1　不同色相

2. 明度：色彩的明暗程度。明度高是指色彩明亮，而明度低則是指色彩晦暗。在 6 種基本色相中，明度由大到小排列為黃、橙、綠、紅、藍、紫，即黃橙色、黃色、黃綠色為高明度色；紅色、綠色、藍綠色為中明度色；藍色、紫色為低明度色。明度最高的是白色，最低的是黑色。（圖 4-2）

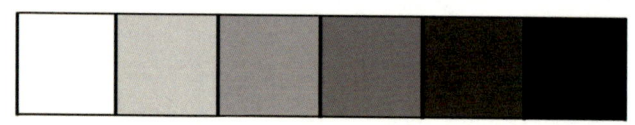

圖 4-2　不同明度變化

3. 彩度：通俗意義上講就是顏色的鮮豔程度，也稱色彩的飽和度或純淨度。通常以某彩色的同色名純色所占的比例，來分辨彩度的高低。在同一色名中，純色比例高為彩度高，而純色比例低則彩度低。

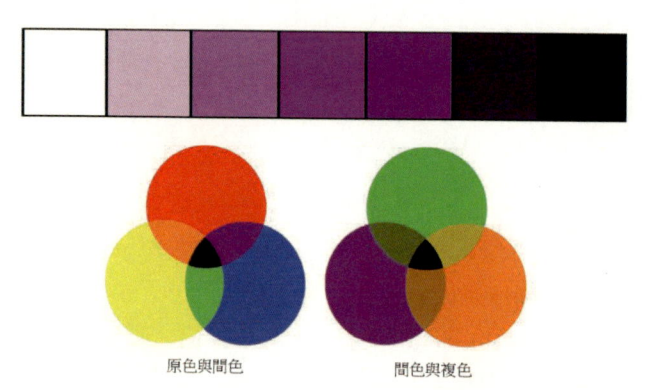

原色與間色　　間色與複色

圖 4-3　不同彩度變化

72　第四章 人與專屬色

一 認識色彩

同一色相：如圖4-3，在同一顏色加入不同程度的黑或白都會影響色彩的純度，且加的越多，純度會越低。如在紫色中加入白色越多，純度越低。

不同色相：不同顏色存在著不同的純度，其中以原色的純度最高，其次是間色，最後是複色。

（四）色相環

色彩像音樂一樣，是一種感覺。音樂需要依賴音階來保持秩序和旋律，最後形成一個體系。同樣，色彩的三屬性就如同音樂中的音階一般，可以利用它們來維持眾多色彩之間的秩序，形成一個容易理解又方便使用的色彩體系。而所有的顏色可排成一個環形，這種色相的環狀排列，叫做「色相環」。

在學習色彩相關設計或配色時，瞭解色相環的基礎知識是十分必要的。首先，紅、黃、藍三色是色彩的三原色，由三原色、二次色和三次色配置可組合成12色相環和24色相環。圖4-4分別表示12色相環和24色相環。

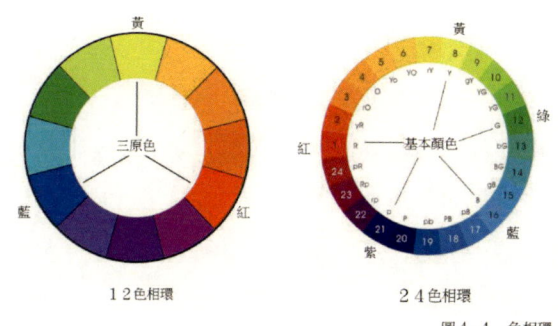

圖4-4　色相環

色料三原色即紅、黃、藍三種顏色，分別指定為大紅、檸檬黃（淡黃）、普藍（群青）三種。按照傳統的色彩三原色理論及其補色原理，三原色中，每兩個顏色相混合成的顏色與第三種顏色互為補色，即紅—綠、藍—橙、黃—紫三對補色。二次色是橙色、紫色、綠色，處在三原色之間，形成另一個等邊三角形。紅橙、黃橙、黃綠、藍綠、藍紫和紅紫六色為三次色。三次色是由原色和二次色混合而成。

井然有序的色相環有助於人們認識和掌握色彩平衡和色彩調和後的結果。

（五）色性

色性即色彩的冷暖屬性，是指色彩給予人心理上的冷暖感覺。顏色的冷暖不是絕對的，而是在相互比較中顯現出來的。但一般來說，傾向冷色系的色彩多帶有藍色，傾向暖色系的色彩則多帶有黃色。

個人形象全面改造

（六）色彩搭配

世界上沒有醜的顏色，只有不好的色彩搭配。在掌握色彩屬性後，根據美學原理，可搭配五彩繽紛、各具特色的方案。在服飾配色上通常會遵循以下6個規律。

1. 同類色搭配：如淡紫和紫藍色。有單純、雅緻、平靜的視覺效果，但有時也會令人感覺單調、平淡。

2. 類似色搭配：如亮粉紅與紫晶砂。視覺效果和諧，對比較柔和，同時也避免了同類色的單調感。

3. 鄰近色搭配：如橄欖綠和孔雀藍。視覺效果既富於變化又給人以和諧感，是常用的色彩搭配。

4. 對比色搭配：如金霞與紫晶砂。對比色在色環上的距離跨度大，搭配起來對比強烈，視覺效果醒目、刺激、有衝擊力。

5. 互補色搭配：如金霞與孔雀藍。互補色組合具有最強烈、最刺激的視覺效果和令人興奮的視覺衝擊力。

6. 冷暖色搭配：如亮沙栗與紫水晶。冷色在暖色襯托下更冷豔，暖色在冷色襯托下更暖。

二 個人色彩特徵分析

根據膚色、髮色等基本體質特徵可將人類劃分為四種類型。第一，黃種人。主要特徵體現為：膚色黃、頭髮烏黑或深棕色、黃色瞳孔、臉扁平、鼻扁、鼻孔較寬大；第二，白種人。主要特徵體現為：皮膚白、碧綠或灰色瞳孔、鼻子高而狹、頭髮金色、棕色、紅色等類型；第三，黑種人。主要特徵體現為：皮膚黑、黑色瞳孔、嘴唇厚、鼻子寬、頭髮捲曲；第四，棕種人。主要特徵體現為：皮膚棕色或巧克力色，頭髮棕黑色且捲曲，鼻寬，鬍鬚及體毛髮達。

豔麗的服飾色彩使黑皮膚的非洲人個性明豔，柔和的服飾色彩使白皮膚的歐洲人浪漫迷人，由此可見，不同膚色的人種在服飾色彩的選擇上有著明顯的差異。不僅如此，即便是同一膚色人種，在服飾色彩的選擇上也存在較大差異。總之，同一件衣服，穿在不同的人身上就會有迥然不同的效果，如同一種正紅色大衣，有的人穿上或顯活潑，或顯時尚，或顯霸氣，然而有些人卻顯得十分俗豔，或鄉土氣。或許，人們會認為「皮膚白穿啥都漂亮」，其實並非如此。每個人都有自己的專屬色彩，

獨立的個性風格，選對色即美，否則顯蒼老，無精打采。因此，找準專屬色，進行科學的色彩診斷，是做好服飾搭配設計的必修課。

膚色是判斷一件衣服色彩是否合適的重要條件。每個人的膚色都有一個基調，有的衣服顏色與基調十分合襯，有的卻變得黯淡無光。要找出適合自己的顏色，便先要找出自身膚色的基調，膚色不同的人就適合不同顏色的服裝。

人體膚色由血紅蛋白、胡蘿蔔素、黑色素和皮膚的折光性決定。其中，黑色素起著重要作用。皮膚內黑色素含量多皮膚就黑，黑色素含量少皮膚就白，黃種人皮膚黑色素的含量介於白種人和黑種人之間。對於亞洲黃皮膚人來說，黑色素決定著膚色的深淺明暗；血紅素決定著個人膚色的冷暖，含血紅素（含量高的人）易出現紅血絲（臉紅）；核黃素決定皮膚發黃程度。因此，核黃素和血紅素決定了皮膚的冷暖，黑色素決定了皮膚的深淺。

皮膚的色相：

血紅素＞核黃素＝粉色相

血紅素＝核黃素＝自然色相

血紅素＜核黃素＝黃色相

黃種人皮膚色相主要集中在黃色和紅色的區域，皮膚色彩在黃種人的特徵上有不同的色彩傾向，如棕色、棕紅色、粉色、象牙色、青色。明度也有明亮和暗沉的區分，也就是人們常說的皮膚黑或白。

人類的眼珠色、毛髮色等身體色特徵，也都是這三種色素組合後呈現出來的結果。

個人形象全面改造

（一）膚色

淺象牙色——皮膚透明白嫩，細膩光潔，臉上帶有珊瑚粉的紅暈；

自然膚色——細膩，臉上帶玫瑰色紅暈，冷米色、健康色，容易被晒黑；

小麥膚色——勻整而瓷器般的褐色、土褐色、金棕色，臉上很少有紅暈；

褐色膚色——清白色或略暗的橄欖色，帶青色的黃褐色，皮膚密實。（圖 4-5）

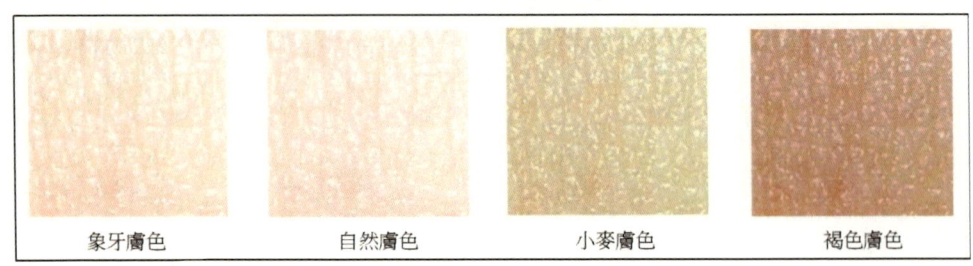

| 象牙膚色 | 自然膚色 | 小麥膚色 | 褐色膚色 |

圖 4-5 膚色

（二）眼睛的色彩

淺棕色——眼珠棕黃色，眼神明亮，眼白呈松石藍；

柔棕色——眼珠深棕色，眼神柔和，眼白呈米白色；

深棕色——眼珠深棕色或焦茶色，眼神沉穩，眼白呈淺松石藍；

黑色——眼珠黑色，眼神鋒利，眼白呈冷白色。（圖 4-6）

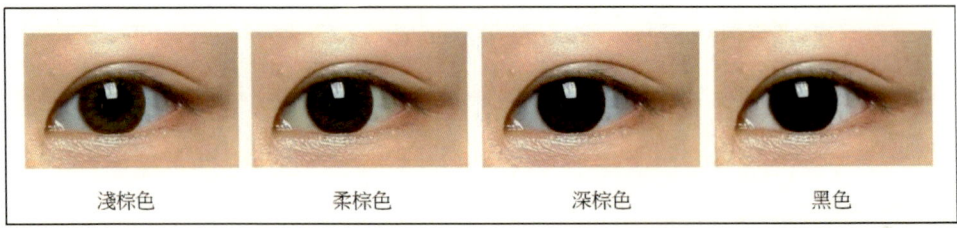

| 淺棕色 | 柔棕色 | 深棕色 | 黑色 |

圖 4-6 眼睛的色彩

（三）髮色

黃髮色——髮色黃，髮質柔軟；

板栗色——髮色呈棕黑色、板栗色、棕紅色，髮質柔軟；

深棕色——髮色偏黑，或深棕黑色，髮質比較直；

黑色——髮色黑，質地硬，髮絲粗且濃厚。（圖 4-7）

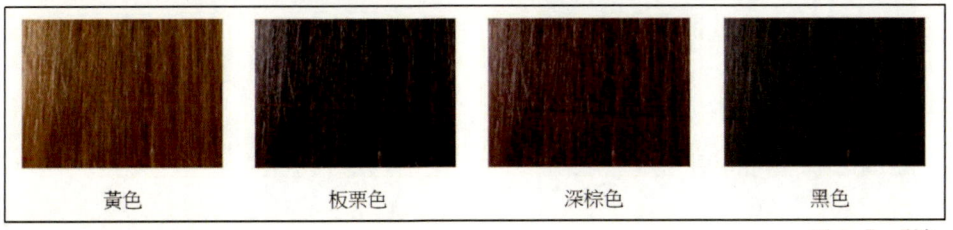

| 黃色 | 板栗色 | 深棕色 | 黑色 |

圖 4-7　髮色

（四）唇色

橘紅色——健康的橘色、可愛的粉橘色系，青春活力、活潑可愛；

玫瑰粉色——透亮自然的玫瑰紅，優雅淑女；

鐵鏽紅色——厚重的紅色，明度較暗，成熟穩重；

紫紅色——紫色和紅色的疊加色，性感且時髦。（圖 4-8）

| 橘紅色 | 玫瑰粉色 | 鐵鏽紅色 | 紫紅色 |

圖 4-8　唇色

（五）黑色素痣的顏色顯現

漆黑色或藍黑色——面部的痣顏色較深，多呈較深冷的顏色，明顯但數量不多；

黃褐色或棕色——面部的痣顏色較淺淡，呈黃褐色或棕色，色調偏暖，數量較多且密集。（圖4-9）

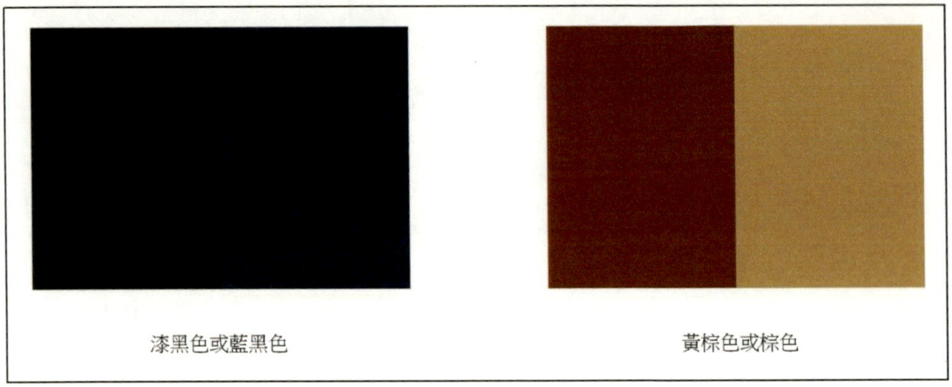

漆黑色或藍黑色　　　　　　黃棕色或棕色

圖4-9　痣的顏色

透過以上的目測對照觀察，可以對人的與生俱來的色彩有一個鑑別式的認識。當然，這種觀察式的診斷必須是不施粉黛、不染髮、不佩戴任何美瞳、素面朝天，且在日常正常狀態和自然光線下進行，這是確保個人色彩診斷結果正確率的前提條件。

三 個人四季色彩理論

「四季色彩理論」是當今國際時尚界十分熱門的話題，1974年由美國的「色彩第一夫人」卡洛爾·傑克森女士發明，並迅速風靡歐美，後由佐藤泰子女士引入日本，研製成適合亞洲人的顏色體系。「四季色彩理論」給世界各國女性的著裝帶來巨大的影響，同時也引發了各行各業在色彩應用技術方面的巨大進步。瑪麗·斯畢蘭女士在1983年把原來的四季理論根據色彩的冷暖、明度、純度等屬性擴展為「十二色彩季型理論」，而劉紀輝女士引進並制定的「黃種人十二色彩季型劃分與衣著風格標準」，成為黃種人色彩季型劃分與形象指導的標準。

美國的卡洛爾·傑克森女士將色彩按冷暖調子分成兩種類型四組色群，由於每一組色群的顏色剛好與大自然四季的色彩特徵相吻合，因此，就把這四組色群分別命

三 個人四季色彩理論

名為「春」、「秋」、「夏」、「冬」。（圖4-10）

四季顏色分為冷、暖兩大色系，暖色系中又分為春、秋兩組色調，冷色系中分為夏、冬兩組色調。乍看四組色群沒有太大的區別，赤、橙、黃、綠、青、藍、紫幾乎都有，細看又有所區別，其區別就在於各組的色調不同。之所以把這四組色調用春、夏、秋、冬來命名，是因為它們的色彩特徵與大自然中四季的色彩特徵十分接近。如春的這組色群彷彿春天花園裡桃紅柳綠的景象，秋天的這組色群就好像秋季的原野一片金黃的豐收景象，夏天的這組色群會讓人聯想到夏季海邊水天一色的感覺，而冬天的這組色群則讓人聯想到白雪皚皚的冬季，翠綠的聖誕樹掛著顏色鮮豔的小禮物。（圖4-11）

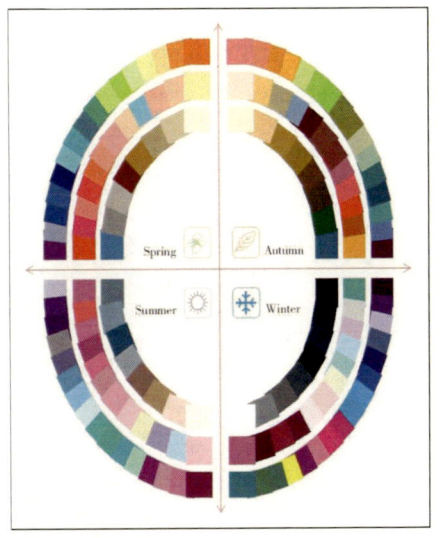

圖4-10　個人四季色彩圖

圖4-11　四季風光景色

79

個人形象全面改造

　　人體膚色的色相，集中在黃色相和紅色相之間的橙色相區域。每一種特定的膚色色相在橙色相中會呈現不同的膚色特徵，或者偏黃一些，如棕色、暗駝色、象牙色等，或者偏紅一些，如粉紅色、棕紅色。

　　膚色按冷暖分為冷基調膚色、暖基調膚色、介於冷基調膚色和暖基調膚色之間冷暖傾向不明顯的中性膚色，如圖 4-12 所示。在四季色彩理論中屬於暖色調的是春季型和秋季型，而冷色調的是夏季型和冬季型。由於每個人的色彩屬性不一樣，即天生的膚色、頭髮色、瞳孔的顏色、嘴唇的顏色，甚至笑起來臉上的紅暈都是不同的，這些不同構成了「春」、「夏」、「秋」、「冬」每個人與生俱來的膚色特徵，被稱為個人的色彩屬性。

呈現暖色傾向的膚色　　　　　　　　呈現冷色傾向的膚色

圖 4-12　冷暖膚色傾向

　　診斷個人的色彩屬性，首要任務就是在「春」、「夏」、「秋」、「冬」四組色彩群中，找出與自己的天生人體色彩屬性協調的色彩群組，確定個人的專屬色彩群。參照遵循這個色彩規律才能合理應用到日常的化妝用色、服飾用色，甚至居室、周邊環境用色中。

　　個人色彩四季型的主要特徵如下，請對照識別。

（一）春季型的特徵（暖色調）

春季，萬物復甦、百花待放，柳芽的新綠，桃花、杏花的粉嫩，迎春花的亮黃，百草新生，大地草綠如茵……一組組明亮、鮮豔的俏麗顏色給人以撲面而來的春意和愉悅，構成了春天一派欣欣向榮的景象。

春季型的人與大自然的春天色彩有著完美和諧的統一感。她們往往有著玻璃珠般明亮的眼眸與纖細的皮膚，神情充滿朝氣，給人以年輕、活潑、嬌美、鮮嫩的感覺。春季型的人需用鮮豔、明亮的顏色打扮自己，這樣會比實際年齡顯得年輕亮麗，如圖 4-13 所示。

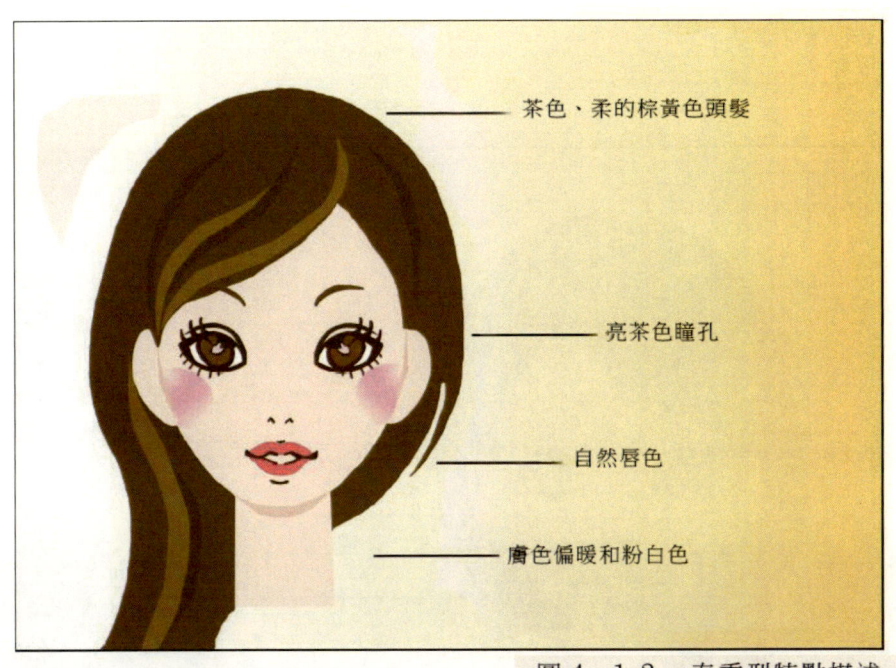

圖 4-13　春季型特點描述

（圖中標註：茶色、柔的棕黃色頭髮；亮茶色瞳孔；自然唇色；膚色偏暖和粉白色）

春季型人的特點——活潑、明豔。

您是春季型的人嗎？

春季型人的診斷技巧：

春季型人有著明亮的眼睛，桃花般的膚色。他們穿上杏黃色或亮黃綠的上裝，走在朵朵桃紅、片片油菜花中，嬌容月貌渾然一體，美不勝收。

81

個人形象全面改造

膚色特徵：淺象牙色、暖米色，細膩而有透明感；

眼睛特徵：像玻璃球一樣熠熠生輝，眼珠為亮茶色、黃玉色，眼白感覺有湖藍色；

髮色特徵：明亮如絹的茶色、柔和的棕黃色、栗色，髮質柔軟。

（二）秋季型的特徵（暖色調）

秋季，楓葉紅與銀杏黃相輝映，整個視野都是令人眩目、充滿浪漫氣息的金色調，金燦燦的玉米、沉甸甸的麥穗與泥土的渾厚、山脈的老綠，交織演繹出秋天的華麗、成熟與端莊……

秋季型的人有著瓷器般平滑的象牙色皮膚或略深的棕黃色皮膚，一雙沉穩的眼睛，配上深棕色的頭髮，給人以成熟、穩重的感覺，是四季色中最成熟、華貴的代表，如圖 4-14 所示。

深褐色頭髮

焦茶色瞳孔

嘴唇偏橙色

象牙色皮膚

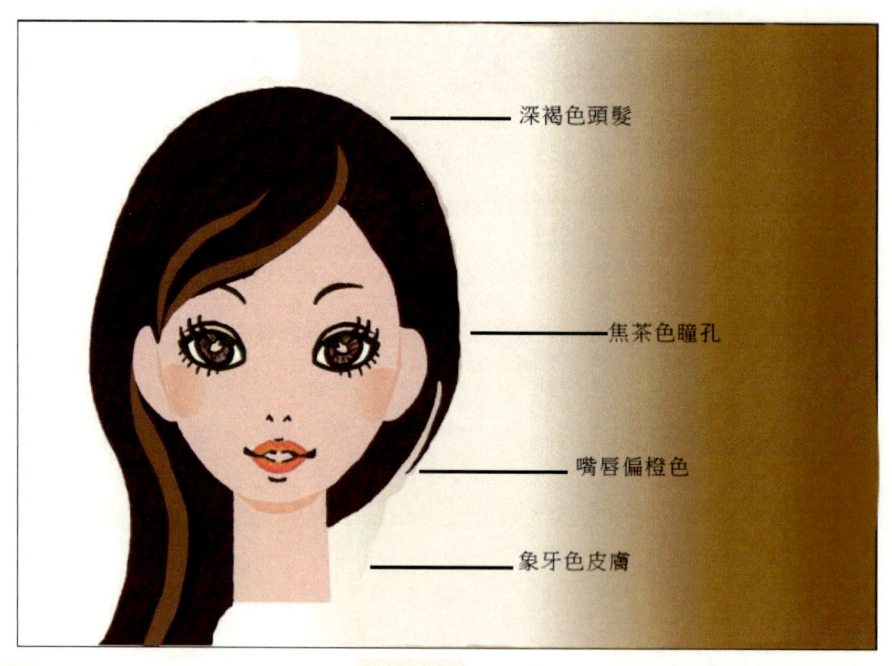

圖 4-14　秋季型特點描述

秋季型人的特點——自然、高貴、典雅。

您是秋季型的人嗎？

秋季型人的診斷技巧：

82　第四章　人與專屬色

秋季型的人應穿與自身色特徵相協調的金色系，暖色為主，如此會顯得自然、高貴、典雅。

膚色特徵：瓷器般的象牙白色皮膚，深橘色、暗駝色或黃橙色；眼睛特徵：深棕色、焦茶色，眼白為象牙色或略帶綠的白色；髮色特徵：褐色、棕色、銅色、巧克力色。秋季型人的髮質黑中泛黃，眼睛為棕色，目光沉穩，有陶瓷般的皮膚，絕少出現紅暈，與秋季原野黃燦燦的豐收景象和諧一致。

（三）夏季型的特徵（冷色調）

夏季，常春藤蜿蜒纏繞，紫丁香芳香四溢，藍如海的天空、靜謐淡雅的江南水鄉、輕柔寫意的水彩畫……構成了一幅柔和素雅、濃淡相宜的圖畫。大自然賦予夏天一組最具表現清新、淡雅、恬靜、安詳的景色。

夏季型的人給人以溫婉飄逸、柔和親切的感覺。如同一潭靜謐的湖水，會使人在焦躁中慢慢沉靜下來，去感受清靜的空間，如圖 4-15 所示。

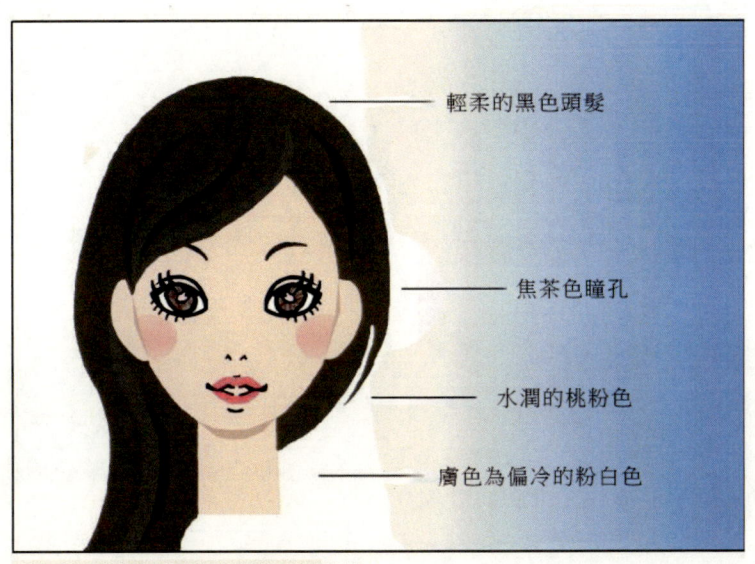

圖 4-15　夏季型特點描述

夏季型人的特點——清爽、柔美、知性。

您是夏季型的人嗎？

夏季型人的診斷技巧：

個人形象全面改造

夏季型人擁有健康的膚色、水粉色的紅暈、淺玫瑰色的嘴唇、柔軟的黑髮，給人以非常柔和、優雅的整體印象。夏季型人的身體色特徵決定了輕柔淡雅的顏色才能襯托出她溫柔、恬靜的氣質。

膚色特徵：粉白、乳白色皮膚，帶藍調的褐色皮膚、小麥色皮膚；眼睛特徵：目光柔和，整體感覺溫柔，眼珠呈焦茶色、深棕色；髮色特徵：輕柔的黑色、灰黑色，柔和的棕色或深棕色。

（四）冬季型的特徵（冷色調）

冬季，潔白無瑕、晶瑩剔透的雪景，色彩豔麗的樹掛，窗戶上的冰花，神祕的森林，烏黑的夜幕，把鮮明比照的主題表現得淋漓盡致。

冬季型的人最適合用對比鮮明、飽和純正的顏色來裝扮自己。黑髮白膚與眉眼間銳利鮮明的對比，給人以深刻的印象，充滿個性、與眾不同，如圖4-16所示。

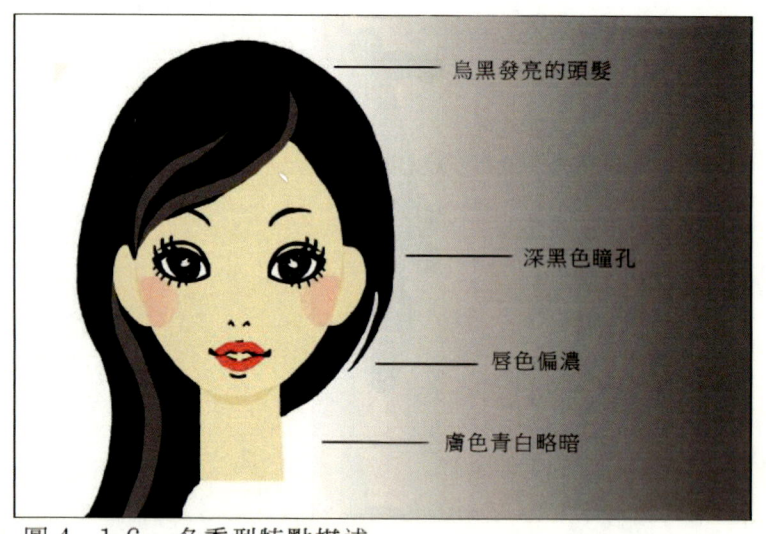

圖4-16　冬季型特點描述

冬季型人的特點——驚豔、脫俗、熱烈。

您是冬季型的人嗎？

冬季型人的診斷技巧：

冬季型人有著天生的黑頭髮，銳利有神的黑眼睛，冷調子，面部幾乎看不到紅暈的膚色，俗稱「冷美人」。雪花飄飛的日子，冬季型人更易裝扮出冰清玉潔的美感。

膚色特徵：青白色或略暗的橄欖綠、帶青色的黃褐色；

眼睛特徵：眼睛黑白分明，目光銳利，眼珠為深黑色或焦茶色；

髮色特徵：烏黑發亮黑褐色、銀灰色、酒紅色。

四 色彩季型與用色規律

（一）春季型

對於春季型人來說，黑色是最不適合的顏色，過深、過重或過舊的顏色都會與春季型人白色的肌膚、飄逸的黃髮出現不和諧感，會使春季型人看上去顯得黯淡。春季型人的特點是明亮、鮮豔，因此，用明亮、鮮豔的顏色打扮自己，會比實際年齡顯得更加年輕、有活力。春季型人使用最廣的顏色是黃色，當選擇紅色時應以橙紅、橘紅為主。

1. 春季型的用色技巧

春季型人的服飾基調屬於暖色系中的明亮色調，如同初春的田野，微微泛黃。春季色彩群中最鮮豔亮麗的顏色，如亮黃綠色、杏色、淺水藍色、淺金色等，都可以作為春季型人的主要用色穿著在身上，可突出輕盈朝氣與柔美魅力同在的特點。用色範圍最廣的顏色是明亮的黃色，選擇紅色時，亦要以橙色、橘紅為主。在服飾色彩搭配上應遵循鮮明對比的原則來突出自己的俏麗，如圖 4-17 所示。

2. 春季型禁忌色

對春季型人來說，不能選過舊、暗沉或過重的顏色，黑色要

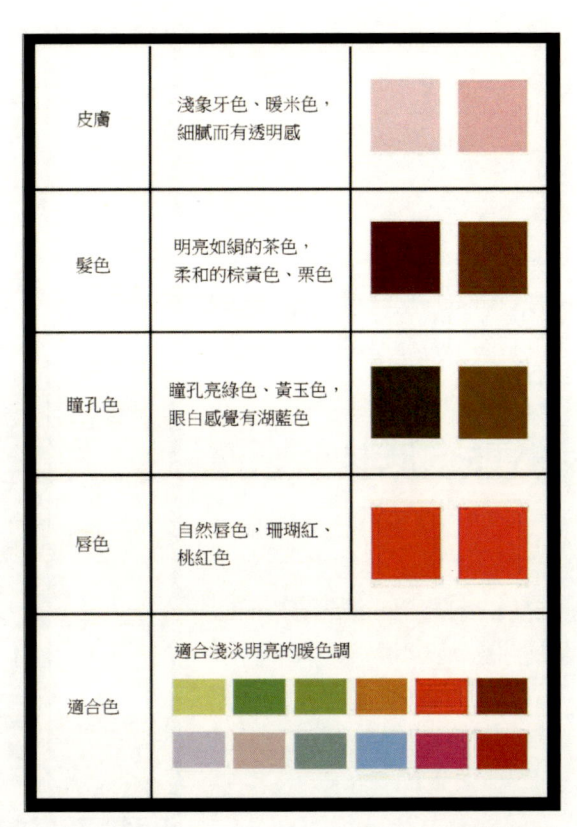

圖4-17 春季型色彩群

個人形象全面改造

避免靠近面部。如有深色的服裝，可以把春季色群中那些漂亮的顏色靠近臉部下方，再與之搭配穿戴。

3. 春季型服飾色彩搭配提示

白色：應選淡黃色調的象牙白。如象牙白的連衣裙搭配橘色的時尚涼鞋或包，鮮明的對比會讓春季型人俏麗無比。

灰色：應選擇光澤明亮的銀灰色和由淺至中度的暖灰色。如淺灰與桃粉、淺水藍色、奶黃色相配會體現出最佳效果。

藍色：應選帶黃色調的飽和明亮的藍色。淺淡明快的淺綠松石藍、淺長春花藍、淺水藍適合鮮豔俏麗的時裝和休閒裝；而略深一些的藍色，如飽和度較高的皇家藍、淺青海軍藍等適合用於職場。穿藍色時與暖灰、黃色系相配為佳。淺駝色套裝可同時與其他鮮豔的淺綠松石、淡黃綠色、清金色、橘紅色相互組合搭配。可將駝色作為褲裝或鞋子的顏色，上半身可以多用春季型人的鮮豔、明亮的色彩。

（二）秋季型

秋季型人的服飾基調是暖色系中的沉穩色調。濃郁而華麗的顏色可襯托出秋季型人成熟高貴的氣質，越渾厚的顏色越能襯托秋季型人陶瓷般的皮膚。

1. 秋季型的用色技巧

秋季型人是四季色中最成熟、華貴的代表，最適合的顏色是金色、苔綠色、橙色等深而華麗的顏色。秋季型人選擇適合自己的顏色的要點是顏色要溫暖、濃郁。選擇紅色時，一定要選擇

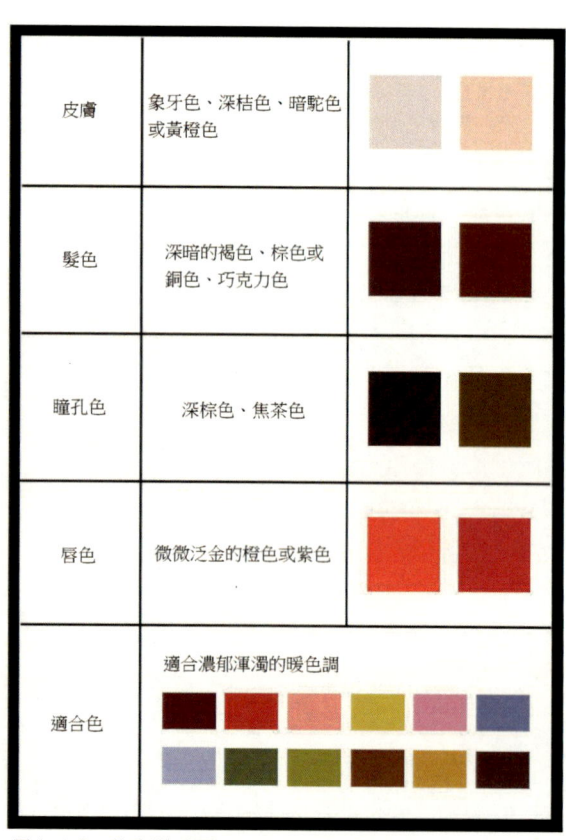

皮膚	象牙色、深桔色、暗駝色或黃橙色		
髮色	深暗的褐色、棕色或銅色、巧克力色		
瞳孔色	深棕色、焦茶色		
唇色	微微泛金的橙色或紫色		
適合色	適合濃郁渾濁的暖色調		

圖4-18　秋季型色彩群

與磚紅色和暗橘紅相近的顏色。秋季型人穿黑色會顯得皮膚發黃,可用深棕色來代替,如圖 4-18 所示。

2. 秋季型禁忌色

對秋季型人來說,不能選黑色、藏藍色、灰色。深磚紅色、深棕色、梟色和橄欖綠都可用來替代黑色和藏藍色。灰色與秋季型人的膚色排斥感較強,如穿用一定要挑選偏黃或偏咖啡色的灰色,同時注意用適合的顏色過渡調和。

3. 秋季型服飾色彩搭配提示

在服裝的色彩搭配上,秋季型人不太適合強烈的對比色,只有在相同的色相或相鄰色相的濃淡搭配中才能突出服飾的華麗感。

白色:以黃色為底調的牡蠣色為宜,在春夏季與色彩群中稍柔和的顏色搭配,會顯得自然大方、格調高雅。

藍色:湖藍色系或梟色,與秋季色彩群中的金色、棕色、橙色搭配,可以烘托出秋季型人的穩重與華麗。此外,還有沙青色等純度不強的顏色選擇。

以保守的棕色為主色調,與深金色、梟色、麝香葡萄綠、駝色做不同組合搭配,體現秋季型人的華麗、成熟、穩重。秋季要選擇色彩群中較為鮮艷的梟色為主色調,可與色彩群中其他鮮艷色協調搭配。如以棕色系作為下半身的褲裝和鞋子用色,把秋季色彩群中典型的橙色、森林綠、珊瑚紅作為上半身的毛衣、大衣或外套用色。

(三) 夏季型

夏季型人通常給人以文靜、高雅、柔美的感覺,可用藍基調扮出溫柔雅緻的形象。選擇適合顏色時,一定要柔和、淡雅。過深的顏色會破壞夏季型人的柔美,中度的灰適合夏季型人的朦朧感。在色彩搭配上,應避免反差大的色調,適合在同一色相裡進行濃淡搭配。

1. 夏季型的用色技巧

夏季型最適合顏色的要點是:要選擇柔和、淡雅且不發黃的顏色。夏季型人適合穿深淺不同的各種粉色、藍色和紫色,以及有朦朧感的色調。以藍色為底調的輕柔淡雅的顏色,這樣才能襯托出穿著者溫柔、恬靜的個性。選擇黃色時,一定要慎重,

個人形象全面改造

應選擇讓人感覺稍微發藍的淺黃色。而選擇紅色時，要以玫瑰紅色為主，如圖4-19所示。

2. 夏季型的禁忌色

橙色、黑色、藏藍色、棕色，過深的顏色都會破壞夏季型人的柔美。

3. 夏季型服飾色彩搭配提示

在色彩搭配上，最好避免反差大的色調，適合在同一色相裡進行濃淡搭配，或者在藍灰、藍綠、藍紫等相鄰色相裡進行濃淡搭配。

白色：以乳白色為主，在夏天穿著乳白色襯衫搭配天藍色褲裙，會有一種朦朧的美感。

灰色：會顯得非常高雅，但要注意選擇淺至中度的灰，不同深淺的灰色與不同深淺的紫色及粉色搭配最佳。

藍色系非常適合夏季型人，顏色的深淺程度應在深紫藍色、淺綠松石藍之間把握。深一些的藍色可作為大衣、套裝用色，淺一些的藍色可作為襯衫、T恤衫、運動裝或首飾用色，但要注意夏季型的人不太適合藏藍色。職業套裝可用一些淺淡的灰藍色、藍灰色、紫色來代替黑色，既雅緻又幹練。

以藍灰色為主色調，運用適合夏季型人的淺淡漸進搭配，或相鄰色搭配原則，選用淺淡柔和的顏色作為襯衣、毛衫和連衣裙的用色。

皮膚	帶藍調的粉色、乳白、水粉色紅暈		
髮色	輕柔的黑色、柔和的棕色或深棕色		
瞳孔色	瞳孔焦茶色、深棕色或玫瑰棕色		
唇色	桃粉色、水潤十足		
適合色	適合淺淡渾濁的冷色調		

圖4-19 夏季型色彩群

四 色彩季型與用色規律

紫色是夏季型人的常用色,選擇鮮豔的紫色作為套裝用色,與夏季型色彩群中其他的顏色進行組合搭配,可以穿出不同的感覺。選擇藍紫色作為褲裝和鞋子用色,上半身選擇色彩群中淺紫色、淡藍色、淺藍黃、淺正綠色,既有濃淡搭配,又有相對柔和素雅的對比效果。

(四) 冬季型

冬季型可用原色調扮出冷峻驚豔的形象,色彩基調體現的是「冰」色。在四季顏色中,只有冬季型人最適合使用黑、純白、灰這三種顏色,藏藍色也是冬季型人的專利色。冬季型人著裝一定要注意色彩的對比,只有對比搭配才能顯得驚豔、脫俗。

1. 冬季型的用色技巧

適合冬季型顏色的要點是顏色要鮮明、光澤、純色。如各國國旗上使用的顏色;原汁原味的原色——紅、藍、綠;無彩色以及大膽熱烈的純色系都非常適合冬季型人的膚色與整體感覺,如圖4-20所示。

2. 冬季型的禁忌

色冬季型的禁忌色是缺乏對比的色彩。

3. 冬季型服飾色彩搭配提示

在四種季型中,只有冬季型人最適合黑、白、灰這三種顏色,也只有在冬季型人身上,「黑白灰」這三個大眾常用色才能得到最好的演繹,真

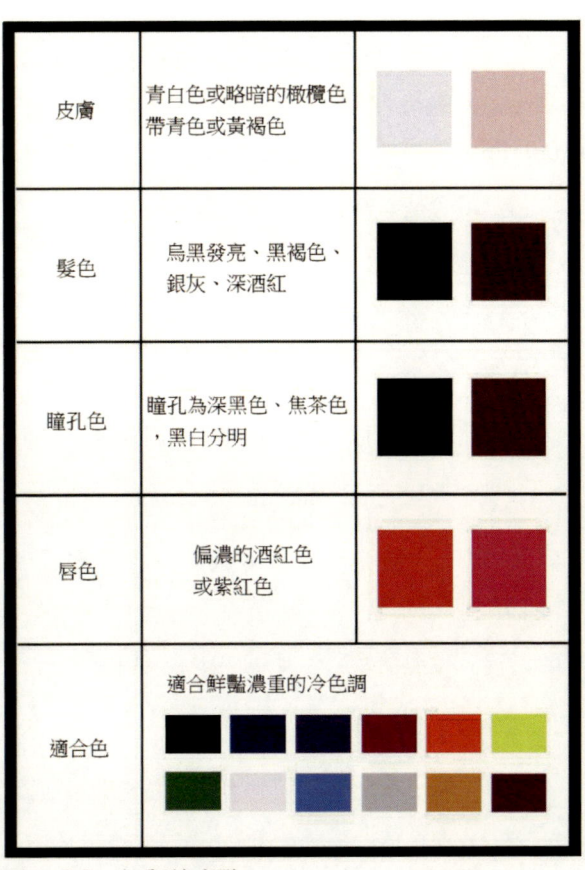

皮膚	青白色或略暗的橄欖色帶青色或黃褐色		
髮色	烏黑發亮、黑褐色、銀灰、深酒紅		
瞳孔色	瞳孔為深黑色、焦茶色,黑白分明		
唇色	偏濃的酒紅色或紫紅色		
適合色	適合鮮豔濃重的冷色調		

圖4-20 冬季型色彩群

個人形象全面改造

正發揮出無彩色的鮮明個性。但要注意的是，穿深重顏色的衣服時，一定要有對比色出現。

白色：白色、純白色是國際流行舞台上的慣用色，透過巧妙的搭配，會使冬季型人奕奕有神。

灰色：冬季型人適用深淺不同的灰色，與色彩群中的玫瑰色系搭配，可體現出冬季型人的都市時尚感。如選擇基礎色中的深灰色作主色調，可與冬季型色彩群中的白色、亮藍色、亮綠色、檸檬黃、紫羅蘭色相互搭配。

藏藍色：藏藍色也是冬季型人的專利色，適合作為套裝、毛衣、襯衫、大衣的用色。

以鮮豔、純正的正綠色為例，冬季型人可以大膽嘗試讓其與冰綠色、檸檬黃、藍紅色進行搭配。再如以紅、綠、寶石藍、黑、白等為主色，以冰藍、冰粉、冰綠、冰黃等為配色點綴其間，能顯得驚豔脫俗。

當然，還有些人的人體色彩不是很明顯，兼有兩種不同特點，我們也可以稱其為混合型。而春秋混合型中分為偏春型、偏秋型；夏冬混合型中分為偏夏型、偏冬型。

春秋混合型：偏春型、偏秋型。

偏春型

皮膚：白皙、淺象牙色，透明度適中。

紅暈：較少紅暈。

眼睛：明亮有神。眼白湖藍色，眼珠呈現棕色。

頭髮：柔軟的淺棕或棕色。

整體印象及特點：春秋色彩都能駕馭，偏年輕，偏春季型特徵。

偏秋型

皮膚：淺象牙色、象牙色，較不透明。

紅暈：不易紅暈。

眼睛：偏沉穩。眼白湖藍色，眼珠呈現深棕色、棕色。

頭髮：深棕色、深褐色。

整體印象及特點：春秋色彩都能駕馭，偏成熟，偏秋季型特徵。

夏冬混合型：偏夏型、偏冬型。

偏夏型

皮膚：略帶青的白色或駝色。

紅暈：較少紅暈，或略呈玫瑰紅色。

眼睛：沉穩柔和，眼白呈柔白色、淺湖藍色，眼珠呈現深棕色、焦茶色。

頭髮：深棕色、黑色。

整體印象及特點：夏冬色彩都能駕馭，偏柔和，偏夏季型特徵。

偏冬型

皮膚：非常白皙或發暗的橄欖色。

紅暈：不易紅暈，或略帶紅暈。

眼睛：黑白對比，明亮對比。眼白為冷白色、柔白色，眼珠呈現黑色、暗棕色。

頭髮：深棕色、黑色。

整體印象及特點：夏冬色彩都能駕馭，偏冷豔，冬季型特徵略微明顯。

五 色彩十二季型

　　繼國際「四季色彩理論」之後，英國 Color me beautiful 色彩機構的色彩專家瑪麗·斯畢蘭女士於 1983 年在原有的四季的基礎上，根據色彩冷暖、明度、純度等三大屬性之間的相互聯繫把四季擴展為十二季，即淺春型、暖春型、淨春型；淺夏型、柔夏型、冷夏型；暖秋型、深秋型、柔秋型；淨冬型、冷冬型、深冬型。根據深淺、冷暖、淨柔的特徵進一步詮釋「春」、「夏」、「秋」、「冬」季型，對個人色彩進行了更加準確地診斷和定位。

（一）深型

　　人們常說的「黑美人」大多屬於深型。面部整體特徵是給人深重的強烈感。而深型人的固有特徵是頭髮、眼睛、皮膚的顏色都很深重。

　　頭髮：烏黑濃密；

個人形象全面改造

眼睛：深棕褐色至黑色，很多人眼白部分略帶青藍色；

膚色：中等至深色，多為深象牙色，或帶青底調的黃褐色、帶橄欖色調的棕黃色，膚質偏厚重（絕不可能很白）。

1. 深秋型

深秋型的人，頭面部呈現一種溫暖的調子，有如深秋季節裡被夕陽鍍上了一層金光。中等至深膚色，眼睛的顏色從深棕到黑色，膚質不太透明，很多深秋型人一眼看上去帶有東南亞或南亞的異域風情。

眼珠：呈現深棕色、焦茶色；

眼白：呈現湖藍色；

眼神：沉穩，給人印象深刻；

皮膚：勻整的深象牙色，或帶橄欖色調的棕黃色，膚質偏厚重，臉頰不易出現紅暈；

毛髮：有光澤感的深棕色或黑色。

深秋型人適合的顏色：深沉濃郁的黃底調的顏色，具有深秋季節大自然的味道。

深秋型人適合的色彩舉例：

白：柔白、象牙白、黃白、奶油色；

紅：鐵鏽紅、赤褐色、棕紅色、磚紅、番茄紅、猩紅；

粉：鮭肉粉、珊瑚粉、桃粉、杏粉、熱粉；

橙：金橙色、赤橙色、暗橙色；黃：鮮黃、芥末黃、駝色；

綠：苔綠、松石綠、森林綠、橄欖綠、松綠、翠綠、薄荷綠；

藍：深長春花藍、中國藍、梟色、海軍藍；

紫：皇家紫、茄紫色、棕紫色；

灰：炭灰、灰褐色；

黑：可以用黑，但要用濃重的番茄紅、松石綠、鮮黃等顏色來做對比分明的搭配。

建議：深秋型的服裝色彩搭配濃烈而華美，極具異域風情和神祕感，大膽試用深秋的紅色系與綠色系的搭配，有驚豔的感覺。飾品可以選擇泥金、啞金等成色足的黃金製品，或赤銅鑲嵌琥珀、瑪瑙、黃玉、紅寶石、祖母綠等飾品。

2. 深冬型

深冬型的人整體呈現一種深冷的調子，膚色以中等深淺的麥色至青褐的暗黃皮膚為主，烏黑的眼珠，濃黑的頭髮。

眼珠：呈現深褐色或黑色，眼白帶青白；

眼神：銳利、分明；

皮膚：勻整的、瓷器般的中等深淺的小麥色，或青褐的暗黃色，臉頰不易出現紅暈；

毛髮：烏黑、有光澤。

深冬型人適合的色彩：藍底調的濃烈深沉的顏色，反差強烈的對比搭配。

深冬型人適合的色彩舉例：

白：純白、雪白、青白，不適合用柔白、灰白、黃白等不純淨的白；

紅：正紅、藍紅、猩紅、酒紅、番茄紅；

粉：熱粉、豔玫瑰粉、冰粉；

橙：不太適合橙色系；

黃：檸檬黃、冰黃；

綠：正綠、松綠、寶石綠、翠綠、橄欖綠、森林綠、薄荷綠；

藍：正藍、亮長春花藍、中國藍、海軍藍、鮮藍、豔藍；

紫：皇家紫、冰紫、茄紫、深紫；

棕：黑棕色，不適合黃底調的咖啡色；

灰：炭灰、鉛灰；

黑：適合穿黑色，尤其是有光澤的黑，但膚色深暗的深冬型人不要讓黑色太靠近臉部，可以用猩紅、正綠、中國藍、倒掛金鐘紫、熱粉等顏色去搭配。

個人形象全面改造

建議：深冬型人用色可以大膽跳躍，也可以嘗試著用豔麗的玫瑰紅、熱粉等高飽和度的顏色與黑色配穿，提亮膚色。最適合搭配閃亮的白金飾品，鑲嵌色彩濃豔的藍寶石、紅寶石、鑽石、祖母綠，服飾與人相映生輝，淡雅柔和的顏色和搭配只能讓深冬型人黯然失色。在中國，深冬型人要多過深秋型人，而在東南亞一帶則是深秋型人較多。

（二）淺型

具有淺型特徵的人，髮色、膚色、眼睛的顏色三者總體來說是輕淺的、柔和的，缺乏對比、不分明。

膚色：從很白的膚色至中等深淺的膚色都有，但膚質都偏薄，不會太厚重；

眼睛：黃褐色至棕黑色，眼白有略呈淡淡的湖藍色的，也有一般常見的柔白色；

頭髮：不會特別烏黑，基本上是從黃褐色至深棕色的髮色。

1. 淺春型

淺春型的人膚色通常呈現一種淡淡的象牙白，紅暈是珊瑚色或鮭肉粉。但有一部分人的膚色並不白，有種杏色的感覺，但眼珠通常不會很黑，在淺黃褐色到棕色之間，髮色也偏黃。

膚色：淺象牙白、杏色，臉上有紅暈或珊瑚色或鮭肉粉；

眼睛：淺黃褐色到棕色之間；

髮色：偏黃。

淺春型人適合的顏色：帶有淡黃底調的清亮明快的顏色。

淺春型人適合的色彩舉例：

白：象牙白、柔白、奶油白；

紅：珊瑚紅、鮭肉紅、橘紅、桃紅；

粉：桃粉、杏粉、淺肉粉色、米粉色、鮭肉粉、桃粉；

橙：淺橙色、淺橘黃；

黃：淺黃、淡黃、淺金黃、駝色；

綠：黃綠、淡黃綠、淡苔綠、松石綠、裊綠色、雲杉綠；

藍：淺水藍、長春花藍、中藍、淺海軍藍；

紫：淡紅紫、皇家紫、紫羅蘭色；

棕：淺黃棕色、淺咖啡、駝色；

灰：米灰、淺灰、中灰、鼠灰、可可灰、灰褐色；

黑：基本上不適合穿黑色，除非場合需要，但要以炭灰黑為主。

建議：淺春型的女士不能用濃暗的顏色，否則顯得疲憊，也不要用過於鮮豔的顏色和強烈的對比搭配，總之，把握在淺至中等深度、溫暖的淺黃色調、明淨清亮的顏色範圍內就會讓淺春型人天生的明媚充分發揮出來。淺春型很適合搭配 10～18K 的黃金飾品，還有黃水晶、蛋白石、羊脂玉、鑽石、淺綠松石、珊瑚、黃珍珠等飾品。

2. 淺夏型

淺夏型的人，膚色粉白，帶有玫瑰粉的紅暈。膚質有粉粉嫩嫩的感覺，但不是晶瑩透明而是有點磨砂玻璃的朦朧感。

膚色：粉白，略帶玫瑰粉、粉嫩質感；

眼睛：眼珠通常呈淺褐色；

髮色：可可色、栗子色，髮質柔軟的居多。

淺夏型人適合的顏色：帶有淺灰藍底調的輕柔淡雅的顏色。

淺夏型人適合的色彩舉例：

白：灰白、米白、柔白、乳白、銀白；

紅：西瓜紅、玫瑰紅、藍紅、水紅、西洋紅；

粉：玫瑰粉、水粉、霧粉；

橙：應迴避橙色系，因為沒有冷調子的橙色；

黃：淡黃、奶油黃；

綠：海綠色、清水綠、藍綠色、雲杉綠；

個人形象全面改造

藍：天藍、中藍、淺長春花藍、淺海軍藍；

紫：薰衣草紫、紫羅蘭紫、皇家紫；

棕：玫瑰棕、灰棕色、灰褐色，不能用黃底的純咖啡色，特別顯老；

灰：米灰色、淺灰、中灰；

黑：不適合穿黑色，可以用鼠灰、無煙煤灰黑色代替。

建議：以白色、淺紫色、淺綠色為主色搭配灰色、藍色或深紫色，輕盈、楚楚動人，給人純潔、溫和、乖乖女的形象。以磨砂、啞光的白金、白銀飾品為主，色彩淺淡的紅藍寶石、蛋白石、羊脂玉、鑽石等都是很好的選擇。

（三）冷型

具有冷型特徵的人，整個頭面部籠罩在一種青色的底調中。

頭髮：從灰棕褐色至黑色都有；

眼睛：褐色至黑色；

膚色：青白色、白裡透玫瑰粉、青黃色、青褐色；

整體特徵：青冷底調、明淨。

1. 冷夏型

普遍來講，冷夏型人的髮色都帶有一種灰褐色、灰可可色的調子，但是，有的冷夏型人也是很黑的髮色。一般冷夏型人的膚色不會很深，從白裡透粉到小麥色都有，但膚質不會晶瑩透亮，是一種不透明的質感，被形容為「磨砂玻璃」。

膚色：白裡透玫瑰粉、小麥色，不透明質感；

眼睛：瞳孔褐色或黑色，眼白略帶青白；

髮色：灰褐色、灰可可色。

冷夏型人適合的顏色：中等至偏低純度的藍底調顏色，不能過於豔麗鮮亮，但也不要過於灰暗，最重要是不能選用偏黃的顏色。

冷夏型人適合的色彩舉例：

白：柔白、米白；

紅：玫瑰紅、藍紅、木莓紅、李子紅、西瓜紅、西洋紅；

粉：玫瑰粉、霧粉、冰粉、水粉；

橙：應迴避橙色系；

黃：慎用黃色，只適合淡黃；

綠：帶藍底的綠色、雲杉綠、海綠、薄荷綠、藍綠；

藍：中國藍、天藍、淡藍、海軍藍、灰藍、長春花藍；

紫：玫瑰紫、薰衣草紫、皇家紫、柔倒掛金鐘紫；

棕：玫瑰棕、可可色、灰褐色、鉛錫色等帶灰調子的棕色，不要用純正的咖啡色；

灰：淺灰、中灰、炭灰、藍灰、粉灰、米灰；

黑：不適合純黑色，顯得老氣；如需穿深暗色的場合，可以選擇雲杉綠、海軍藍、深灰藍、炭灰色等代替。

建議：服裝的配色竅門在於統一的底調，而不是把看上去很相似的顏色配在一起。如以紫色、洋紅色、綠色為主色，色調微渾濁來體現成熟的感覺，飾品最好以白金、白銀系列為主，或深深淺淺的紅寶石、藍寶石、綠寶石、粉水晶、紫水晶、乳白色的珍珠、天然的石頭。

2. 冷冬型

冷冬型的人普遍擁有黑亮的頭髮和眼睛，眉眼清晰明朗。擁有像鑽石般耀眼的氣質，冷豔奪目。

膚色：從青白至青褐色都有，有些帶有玫瑰粉的紅暈，明淨；

眼睛：眼白通常泛有淡淡的藍色，眉眼清晰明朗；

髮色：烏黑、光澤。

冷冬型人適合的顏色：豔麗、純正的冷色調顏色。

冷冬型人適合的色彩舉例：

白：純白；

紅：藍紅、木莓紅、紫紅、豔玫瑰紅；

粉：熱粉、冰粉、玫瑰粉、深玫瑰色；

個人形象全面改造

橙：不適合橙色系；

黃：淡黃、冰黃、檸檬黃；

綠：翠綠、松綠、藍綠；

藍：正藍、寶石藍、皇家藍、中國藍、水藍、冰藍；

紫：皇家紫、楊梅紫、吊鐘花紫；

棕：不適合純咖啡色，可以穿黑棕灰；

灰：冰灰、淺灰、中灰、炭灰、灰褐、鉛錫灰；

黑：有光澤感的黑色。

建議：不強調明度，深深淺淺的顏色都可以。以紅黑色、紅色、黃色為主色，色調明豔以體現誇張感；以黑色、深藍、暗綠色為主，色調暗渾、厚重，以體現冷酷的距離感，性感而冷豔。搭配飾品可選擇閃閃發光的白金、白銀飾品，色澤明豔的紅、藍寶石，以及祖母綠、綠松石、翡翠、鑽石等一切都能放射出冷冷的光芒的首飾。總之，冷冬型人的用色規律可以用「豔如桃李，冷若冰霜」來形容。

（四）暖型

暖型的人有一種天生的金色光彩籠罩在整個頭面部，所以，也只有用帶有金色光彩的顏色才能把暖型人的美麗調動起來。

頭髮：通常都會泛黃，有淺褐色、棕黃色、棕黑色；

眼睛：很多暖型人眼白部分都是健康的黃白色；

膚色：臉色有一種溫暖的橘色的底調，從黃白至象牙色至深黃色都有。

面部整體特徵：溫暖、橙底調。

1. 暖春型

暖春型的人膚色從淺白到中等深度，沒有太深暗的膚色，膚質相對感覺較薄且通透，有些暖春型人隱隱帶有一層紅暈，所以皮膚往往瑩白透粉，很細嫩；眼睛的顏色從黃褐色到黑棕色。

膚色：從淺白或中等深度，膚質較薄且通透，瑩白透粉，細嫩；

眼睛：黃褐色或黑棕色；

髮色：暖栗子色、棕黃色。

暖春型人適合的顏色：明快、鮮亮、輕淺的黃底調色系。

暖春型人適合的色彩舉例：

白：象牙白、淺黃白，不要用純白色、青白色；

紅：南蛇藤紅、橘紅、珊瑚紅、番茄紅；

粉：鮭肉粉、珊瑚粉、杏粉、桃粉；

黃：鮮黃、蛋黃、奶油黃、淺黃；

藍：長春花藍、淺水藍、淺鳧色；

紫：淺紅紫、皇家紫；

棕：淺咖啡、金棕色、深棕色、駝色、青銅色；

灰：暖灰、淺灰、中灰、炭灰、米灰；

黑：暖春型人也要遠離黑色，黑色靠近臉部會使臉上的細紋、鼻唇溝、嘴周圍的暗色加重，即使是黑色的裙子、褲子也會顯得沉悶，缺乏活力。

建議：以珊瑚紅、紅紫色、橙黃色、黃綠色等為主色，或像春日裡陽光下的花園一樣，鮮綠、桃紅、鵝黃都能給人嫵媚高貴的印象。亮澤的黃金飾品是暖春型最好的選擇。

2. 暖秋型

暖秋型人的面容因為有金色的底調而顯得華麗，所以，中等至低明度的暖色調會讓暖秋型人煥發出華美的光彩。

膚質：象牙色、深橘色、黃橙色，沒有暖春型人那麼透明；

眼睛：焦茶色或深棕色；

髮色：銅色、巧克力色。

暖秋型人適合的顏色：秋天大自然的色彩，滿山紅葉，金色麥田，熟透的金桔，秋天落日的餘暉為萬物鍍上一層金光，暖秋型人是組成這美好畫面的一部分。

個人形象全面改造

暖秋型人適合的色彩舉例：

白：略帶黃底色的白，象牙白、奶油白；

紅：番茄紅、鐵鏽紅、磚紅、橘紅；

粉：鮭肉粉、杏粉、桃粉、珊瑚粉；

橙：金橙色、南瓜色、赤陶色、赤褐色；

黃：芥末黃、金黃、鮮黃、牛皮黃、駝色；

綠：黃綠、苔綠、軍綠、森林綠、松石綠、橄欖綠、青銅色；

藍：孔雀藍、深長春花藍、淺海軍藍等帶紅或黃底調的藍色；

紫：茄紫、皇家紫；

棕：咖啡、黃棕色，比其他季型更適合咖啡色；

灰：炭灰、暖灰、米灰，不適合冷灰、青灰；

黑：最好迴避黑色。

（五）淨型

　　淨型人最大的特點就是髮色、眼睛與膚色形成了鮮明的對比。淨型人最突出的特點是眼神明亮清澈；膚色從雪白到中等深度，不會很深暗；但髮色、眉眼的色澤很強烈，所以決定了淨型人要用分明且極端的顏色，而且在搭配上也要大膽，對比強烈。淨型人本身就是一顆鑽石，屬於淨型人的色系就是照射在鑽石上的光，有了這束光，鑽石才會生輝。

髮色：黑棕色至烏黑發亮的頭髮；

眼睛：黑白分明，眼睛很有神采；

膚色：象牙白、青白，最常見的淺色皮膚；

整體面容：明淨、清澈，對比分明；

淨型人禁穿泛舊的衣服。

1. 淨春型

淨春型人面容的冷暖調子不太明顯，略偏向暖色調，髮色多為棕黑色，眼睛明亮。

膚色：冷暖調子不太明顯；

眼睛：明亮清澈；

髮色：深棕色或黑色。

淨春型人適合的顏色：不太強調色彩的冷暖調子，只要明快、鮮亮、耀眼的顏色就好。

淨春型人適合的色彩舉例：

白：柔白、亮白、象牙白，灰白不適宜；

紅：大紅、明紅、西瓜紅、猩紅、珊瑚紅、深玫瑰紅；

粉：暖粉、熱粉、櫻桃粉、珊瑚粉、亮鮭肉粉；

橙：亮橙色、鮮橙色；

黃：檸檬黃、鮮黃、淺金黃；

綠：淡黃綠、亮黃綠、森林綠、松石綠、寶石綠、翠綠、薄荷綠；

藍：淺水藍、水藍、皇家藍、亮長春花藍；

棕：黑棕色，不太適合泛黃、泛紅的咖啡色；

黑：唯一可以用「黑」的春季型人，最好用大紅、暖粉、檸檬黃、翠綠、水藍等豔麗的顏色來配穿。

建議：淨春的顏色比淨冬的顏色更明亮、更輕淺，略略帶有一點點黃色。淨春型人的用色原則不僅要求顏色鮮亮，而且在配色上還要把它們對比搭配好。所有閃閃發光的飾品都是最好的配飾選擇。

2. 淨冬型

淨冬型人的固有色特徵比淨春型人更強烈，色澤更濃重，膚色帶青底調，有青白、淺青黃等膚色，因為該類型人有著烏黑的頭髮、黑亮的眼睛、淺色的皮膚，素有「白雪公主型」的美稱。

個人形象全面改造

膚色：青底調，青白、淺青黃；

眼睛：黑亮，烏溜溜的黑眼睛；

髮色：烏黑、亮澤。

淨冬型人適合的顏色：冷色調，色彩飽和度高的顏色。

淨冬型人適合的色彩舉例：

白：純白、青白、雪白，避免帶雜色的白；

紅：藍紅、正紅、西瓜紅、木莓紅；

粉：冰粉、熱粉、豔玫瑰粉；

橙：不太適合橙色系，它會使膚色不勻整；

黃：冰黃、淡黃；

綠：翠綠、松綠、寶石綠、梟綠；

藍：正藍、中國藍、品藍、海軍藍、皇家藍、水藍、亮長春花藍；

紫：皇家紫、紫羅蘭色、吊鐘花紫、紫水晶色；

棕：黑棕色，不太適合用泛黃、泛紅的咖啡色；

灰：淺灰、中灰、炭灰、灰褐色、鉛錫灰；

黑：有光澤的黑色。

建議：以紅紫色、紅色、黑色為主色，給人美豔華麗感；以寶藍色、黑色、紫色為主色搭配酷感十足，給人俐落幹練的印象。首飾則要選擇白金鑲鑽、藍寶石、紅寶石、翡翠、祖母綠等飾品。

（六）柔型

柔型特徵的人面容柔和朦朧，髮色、眼睛、臉色之間缺乏鮮明的對比，膚色、髮色都籠罩在一種灰色基調中。

柔型人的固有色特徵為整體面容有一層灰霧的感覺，色彩不分明，色感不強烈。

頭髮：一般不會特別烏黑發亮，帶有棕黃或灰黃的色調；

眼睛：也不會是烏溜溜的黑眼珠，而是黃褐色的；

膚色：象牙白、中等深淺的膚色，膚質不會晶瑩剔透，像磨砂玻璃；

整體面容：瑰麗、柔和。

1. 柔夏型

柔夏型人的固有色特徵為玫瑰粉的面龐，膚色中等偏淺，目光平和，帶灰可可色、亞麻色調的柔軟黑髮，整個人透出一種甜美的氣息。

膚色：中等偏淺的膚色，面部略帶玫瑰粉；

眼睛：灰可可色，目光平和；

髮色：亞麻色調或黑髮，髮質柔軟。

柔夏人適合的顏色：每種顏色都帶有灰藍底調，冷靜柔和，雅緻平實。

柔夏人適合的色彩舉例：

白：柔白、米白、灰白，不適合用雪白；

紅：玫瑰紅、西瓜紅、木莓紅、李子紅、楊梅紅；

粉：玫瑰粉、水粉、柔玫瑰粉、霧粉；

橙：應迴避橙色，否則臉色發黃，顯得老氣；

黃：淡黃色、奶油色、米白玫瑰色、香檳黃；

綠：綠玉色、綠松石色、柔鳧色、薄荷綠、藍綠、海綠、水綠；

藍：中藍色、長春花藍、灰藍、海軍藍；

紫：煙灰紫、皇家紫、紫水晶色、蘭花紫、柔吊鐘花紫、葡萄紫；

棕：玫瑰棕、可可色，禁用純正的暖咖啡色，顯老氣；

灰：米灰、中灰、淺灰、炭灰、粉灰、藍灰，只要不太極端的灰色都可以；

黑：不適用。

建議：柔夏型人穿衣配色用相近的顏色搭配就是很恰當的選擇。深灰、淺灰、灰紫搭配水綠、淺藍、月亮黃等都能體現柔和感。磨砂啞光的白金飾品，或鑲嵌蛋白石、羊脂玉、粉水晶、玫瑰紅寶石、綠玉都能散發出柔美的光澤。

個人形象全面改造

2. 柔秋型

柔秋型人的固有色特徵為髮色偏黃，就像我們常說的「黃毛丫頭」的那種黃頭髮，眼珠也是黃褐色的，瑰麗柔和的膚色，很可能還帶有淺橄欖色的雀斑。

膚色：瑰麗柔和，可能還有淺橄欖色雀斑；

眼睛：黃褐色；

髮色：髮色偏黃，髮質柔軟。

柔秋型人適合的顏色：偏暖調子的中等明度的混合色。

柔秋型人適合的色彩舉例：

白：奶白、黃白、柔白；

紅：鐵鏽紅、深玫瑰紅、番茄紅、珊瑚紅；

粉：杏粉、橙粉、珊瑚粉、鮭肉粉、深玫瑰粉、桃粉；

黃：奶黃色、駝色、淺金黃。

建議：要迴避冷暗的顏色，如海軍藍、黑色等，因為臉色會顯得蒼白，沒有生氣。以米色、卡其色、棕色為主色，色調渾濁能體現穩重感。適合光澤感不強的合金飾品，或黃珍珠、黃玉、淺色的瑪瑙、琥珀，色澤柔和的珊瑚等。

六 色彩診斷方法

（一）色彩診斷基本條件

1. 外在環境

（1）在自然光線條件下鑑定，若條件受限，也可在白熾燈光下鑑定，但燈光的光源距離被鑑定者需1米以上距離；

（2）如果在室內，周圍環境為白色，無大面積的有彩色或反射光；

（3）室內溫度避免過熱或過冷，以免影響診斷結果。

2. 被診斷者的要求

(1) 被診斷者應先卸妝，以本身膚色為基準；

(2) 如果皮膚有過敏、曝晒、飲酒等狀況，應等其恢復自然狀態後再做鑑定；

(3) 應先摘取外帶眼鏡或美瞳；

(4) 被診斷者的頭髮如果有漂染或染髮，應戴上白色帽子或固定遮擋頭髮；

(5) 如果被診斷者有紋眉、紋眼線、紋唇等情況，應排除其干擾因素；

(6) 頸部以上不要戴首飾。

（二）色彩診斷專用工具

色彩專用工具包括：鏡子、白圍布、髮夾、唇膏、絲巾、季型鑑定專用色布等。

1. 鏡子

鏡子擺放要與光線成對立面，光線均勻，避免形成「陰陽臉」。

2. 白圍布

用於遮擋被診斷者身上服飾的顏色，最好能蓋住至膝蓋以上的位置。

3. 髮夾（髮帶）

遮住額頭或面部的頭髮都應用髮夾或白色髮帶向後固定。

4. 絲巾

用於診斷結果出來後，服飾造型時使用。

5. 唇膏（唇彩）

符合春、夏、秋、冬四季色彩特徵的多種唇彩，用於驗證或判斷診斷結果是否正確。

個人形象全面改造

6. 季型鑑定專用色布

季型鑑定專用色布是色彩鑑定必備的工具之一，共20塊，分春、夏、秋、冬四組，每組中有5塊色布，包括不同色彩傾向的粉、黃、紅、綠、藍。色彩顧問可依據不同的色布快速找出適合被診斷者的色彩群，為其正確著裝用色提供科學的依據，如圖4-21所示。

圖4-21 鑑定專用色布

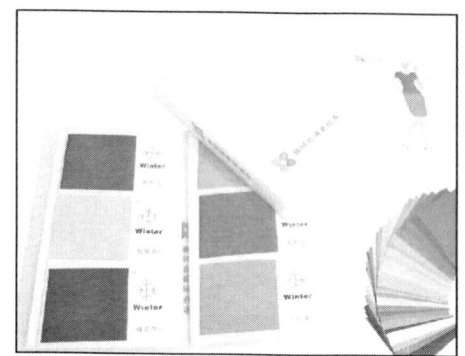

7. 四季色彩識色用本

四季色彩識色用本是四季色彩理論專業工具。裡面包含了春、夏、秋、冬四個類型的色彩群，一般是色彩顧問在為被診斷者進行色彩鑑定後，為其講解用色範圍時使用，是顧客選擇色彩的一個參照物，利用四季色彩識色用本能更快地識別色彩，便於色彩搭配，如圖4-22所示。

圖4-22 四季色彩識色用本

8. 驗證色布

用於驗證色彩診斷過程中的冷暖驗證階段，採用金屬色中極冷的金色和極暖的金色，強調或驗證診斷結果，如圖4-23所示。

9. 色調鑑定測試專用色布

色調專用色布共46種顏色，分為8組：粉、黃、紅、綠、藍、棕、橙、紫。用於季型鑑定測試後，幫助被鑑定者找到個人專屬色彩群或為其服飾色彩搭配提供方案，如圖4-24所示。

圖4-23 驗證色布

圖4-24 色調鑑定測試專用色布

10. 膚色色卡

四季色彩膚色色卡，是根據亞洲人或中國人膚色研發的測試卡。裡面包含 18 種日常生活中的常見膚色，是用於幫助尋找出個人的膚色季型屬性的專用工具，如圖 4-25 所示。

（三）色彩診斷流程

第一步：目測觀察診斷者的服飾用色和人體色特徵；

第二步：先為被診斷者卸妝、整理頭髮，並用白色圍布遮擋被診斷者上半身服裝的色彩；

圖 4-25　膚色色卡

第三步：交替春季型和夏季型的色布，觀察皮膚因色彩冷暖而產生的變化；

第四步：交替秋季型和冬季型的色布，觀察皮膚因色彩冷暖而產生的變化，初步判斷出其冷暖傾向；

第五步：用口紅和金銀色布驗證冷暖結果；第六步：比較春、秋或夏、冬色布，觀察交替色布時，因色彩輕重而產生的變化，得出初步鑑定結果；

第七步：用色布做正、反造型驗證初步結果，得出鑑定結果；第八步：用 46 塊色布和絲巾為被鑑定者確定其適合的色調；第九步：根據被鑑定者的其他因素做調整；第十步：為被鑑定者講解鑑定報告，進行專屬色彩群及服飾色彩搭配規律分析及介紹。

依照下表 4-1 所示，親自實踐色彩診斷全過程。

個人形象全面改造

表4-1　個人色彩診斷流程圖表

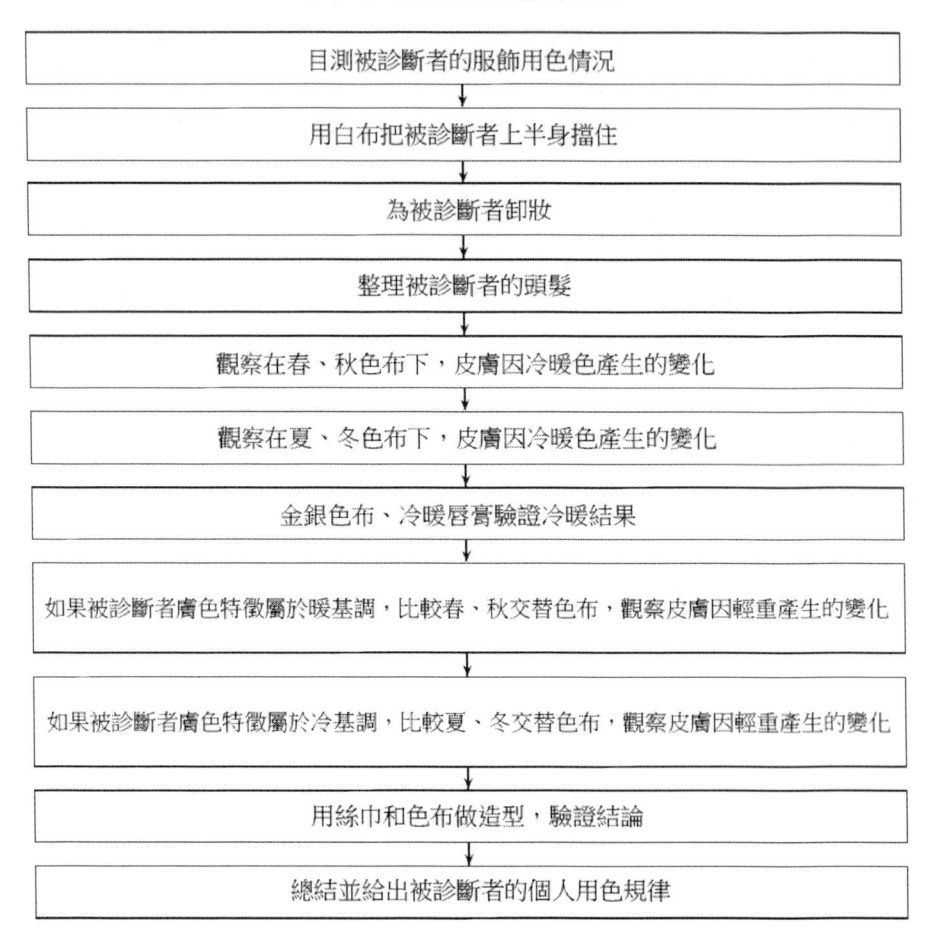

```
┌─────────────────────────────────────┐
│     目測被診斷者的服飾用色情況       │
└─────────────────┬───────────────────┘
                  ↓
┌─────────────────────────────────────┐
│     用白布把被診斷者上半身擋住       │
└─────────────────┬───────────────────┘
                  ↓
┌─────────────────────────────────────┐
│          為被診斷者卸妝              │
└─────────────────┬───────────────────┘
                  ↓
┌─────────────────────────────────────┐
│         整理被診斷者的頭髮           │
└─────────────────┬───────────────────┘
                  ↓
┌─────────────────────────────────────┐
│ 觀察在春、秋色布下，皮膚因冷暖色產生的變化 │
└─────────────────┬───────────────────┘
                  ↓
┌─────────────────────────────────────┐
│ 觀察在夏、冬色布下，皮膚因冷暖色產生的變化 │
└─────────────────┬───────────────────┘
                  ↓
┌─────────────────────────────────────┐
│    金銀色布、冷暖唇膏驗證冷暖結果    │
└─────────────────┬───────────────────┘
                  ↓
┌──────────────────────────────────────────────┐
│ 如果被診斷者膚色特徵屬於暖基調，比較春、秋交替色布，觀察皮膚因輕重產生的變化 │
└─────────────────┬────────────────────────────┘
                  ↓
┌──────────────────────────────────────────────┐
│ 如果被診斷者膚色特徵屬於冷基調，比較夏、冬交替色布，觀察皮膚因輕重產生的變化 │
└─────────────────┬────────────────────────────┘
                  ↓
┌─────────────────────────────────────┐
│      用絲巾和色布做造型，驗證結論    │
└─────────────────┬───────────────────┘
                  ↓
┌─────────────────────────────────────┐
│   總結並給出被診斷者的個人用色規律   │
└─────────────────────────────────────┘
```

六 色彩診斷方法

（四）色彩診斷案例分析

例一：春季型（圖 4-26、圖 4-27）

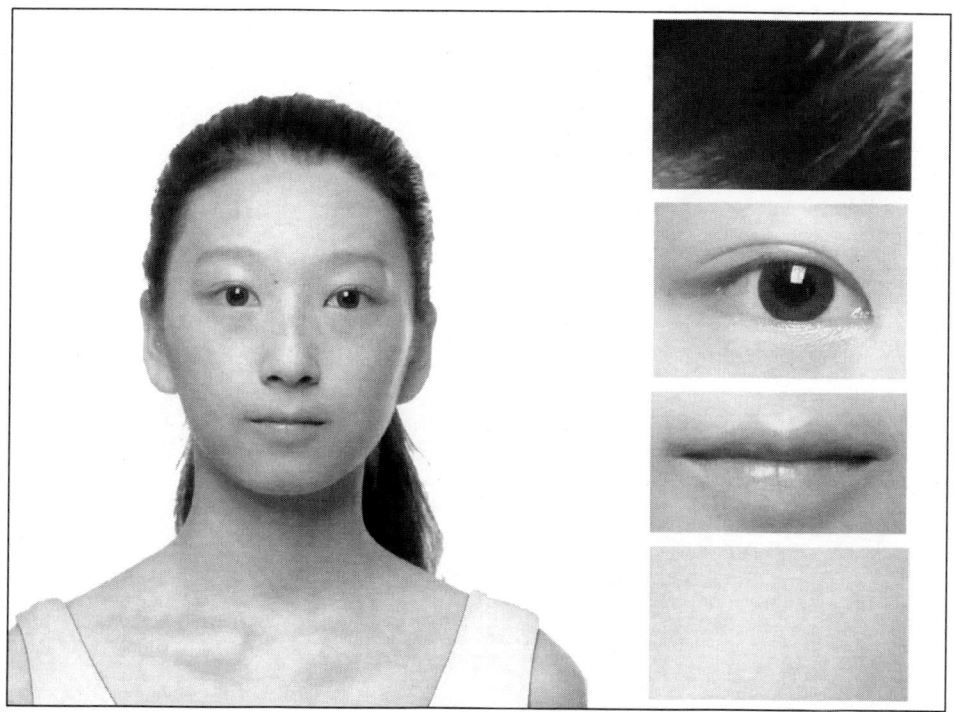

圖 4-2 6 春季型

個人形象全面改造

圖4-27 春季形適合色彩案例

六 色彩診斷方法

　　標準春季型的代表類型為淨春型，非標準春季型為淺春型、柔春型。

　　模特兒 A——皮膚白皙細膩，膚色中明度；臉頰有杏粉色的紅暈；眼睛輕盈，瞳孔色為淺棕色，眼白呈湖藍色；頭髮柔軟，髮質較細，髮色棕黑色，有光澤；唇色自然粉嫩。

　　整體印象是：毛髮色與膚色之間有對比感，給人年輕、生動、活潑感。

　　適合的色彩為：淺淡、鮮明、活潑、俏麗的暖基調色彩群。

　　例二：夏季型（圖 4-28、圖 4-29）

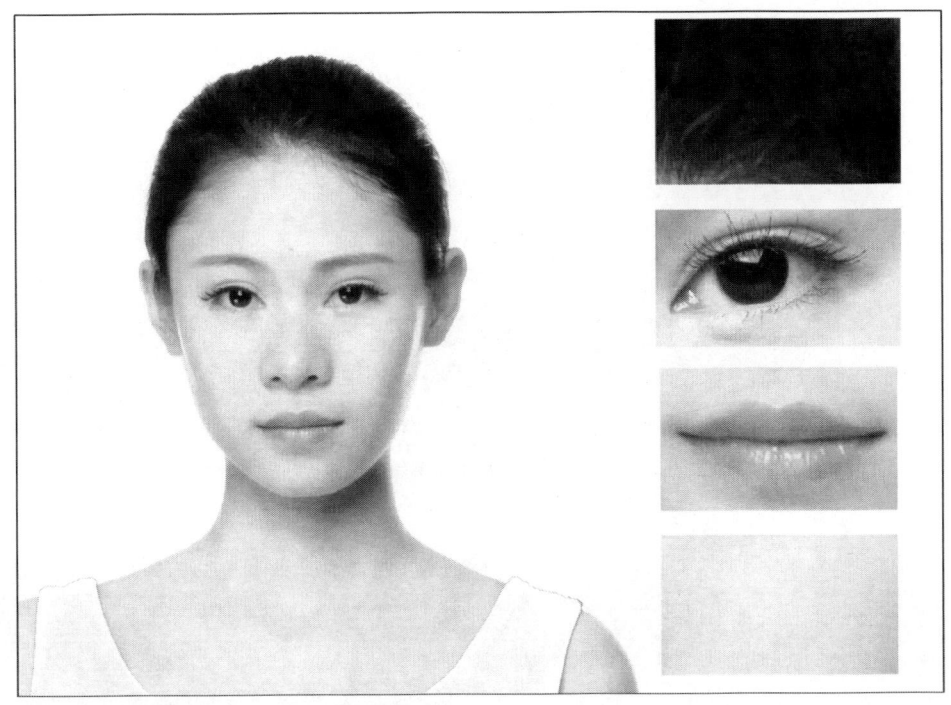

圖 4-28　夏季型

個人形象全面改造

圖4-29　夏季型適合色彩案例

標準夏季型人為淺夏型，非標準夏季型為柔夏型、冷夏型。

模特兒 B——皮膚中偏低明度，膚質輕薄，膚色為健康小麥色；臉頰易出現水粉色的紅暈；眼睛明亮，眼珠為深棕色，眼白呈柔白色；頭髮為灰黑色；淺玫粉唇色。

整體印象是：給人溫柔、親切的感覺。

適合色彩為：清新、恬靜、安靜的冷基調色彩群。

例三：秋季型（圖 4-30、圖 4-31）

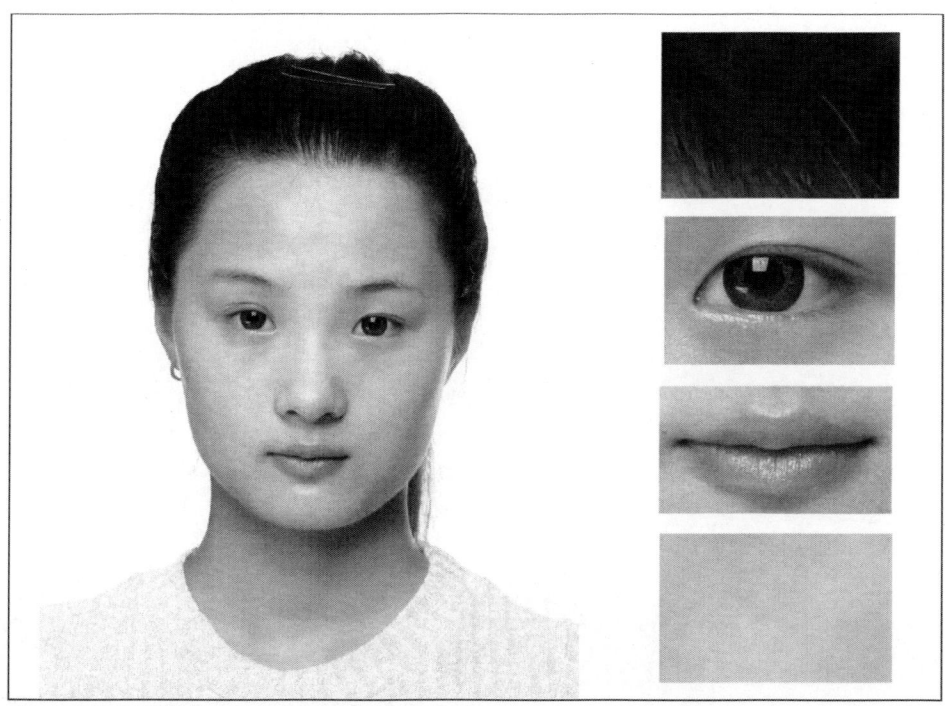

圖 4-30 秋季型

個人形象全面改造

圖4-31　秋季型適合色彩案例

六 色彩診斷方法

標準的秋季型人為深秋型，非標準秋季型為暖秋型。

模特兒C——膚色為中等明度的象牙色，膚質厚重；臉頰不易出現紅暈；眼神沉穩、深沉，眼珠為焦茶色，眼白呈湖藍色；頭髮是深棕色。

整體印象是：成熟、高貴、穩重的感覺。

適合的色彩為：濃郁、厚重的暖基調色彩群。

例四：冬季型（圖4-32、圖4-33）

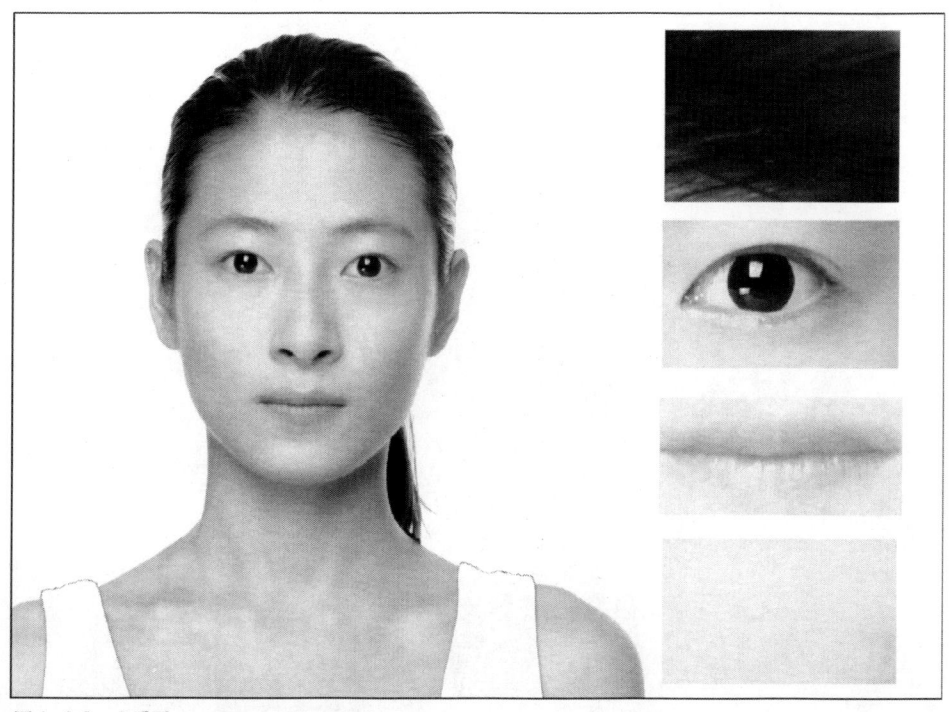

圖4-32 冬季型

個人形象全面改造

圖4-33　冬季型適合色彩案例

標準的冬季型人為深冬型，非標準冬季型為淨冬型。

模特兒 D——個性分明，膚色高明度，膚質均勻青白；臉頰不易出現紅暈；眼神犀利，對比強烈，穿透力很強，眼珠呈深棕色或黑色，眼白為冷白色；頭髮為黑色。

整體印象是：個性分明，與眾不同。

適合的色彩為：強烈、純正、大膽、飽和的冷基調和無彩色群。

思考與練習

1. 鑑定自己的專屬色彩類型。

2. 根據四季色彩理論知識，以圖文形式分析不同影視明星人物，進行四季色彩診斷分析。

3. 結合本章第五節內容，對照色彩十二季型主要內容，為每一種季型配上相應的 20 種顏色，組建十二類型的色彩群。

4. 為身邊的親戚朋友做色彩診斷，注重診斷過程的闡釋，並為其推薦專屬色彩群。

個人形象全面改造

第五章 人與風格

導讀

透過講授身體線條與風格的關係，使學生掌握風格診斷的要領；瞭解服裝廓形、細節、面料、印花等要素共同構成服裝風格的規律；理解並運用服飾搭配中大配大小配小、曲配曲直配直、柔配柔剛配剛的原則。

章節重點：透過對不同類型的人物的個性特點、面部線條、身體線條以及各類服裝廓形的解析、服裝風格案例分析，使學習者掌握並能結合流行趨勢，靈活運用並進行服裝搭配的練習。

其他補充：收集各類時尚雜誌或時尚秀場服裝款式、搭配方案以及流行的服裝單品。

流行，是服裝設計師帶給大家的禮物；風格，卻是一個人可以給自己的禮物。正如法國香奈兒（CHANEL）創辦人加布里埃·香奈兒（Gabrielle Bonheur Chanel）所言：「流行終會退燒，而風格永遠不死。」也如奧黛麗·赫本認為的一樣，每個女人都應該找到一種最適合自己的著裝風格，在這個基礎上，再根據流行時尚和季節變換，進行裝扮和修飾，不要做時尚的奴隸，一味地去模仿明星。

在生活中許多人盲目追求流行，以為流行之美就是把流行服裝穿上身，這種人很容易喪失個人風格，身上的穿搭可能的確有流行元素，但卻只是一個大拼盤，看不出特色；另一種人是真的對流行時尚很有研究，緊盯著國外時尚秀、媒體報導等資訊，但不見得會買來穿搭，也許對於流行很有想法，但穿著卻沒有太大突破。從服裝的穿著最能簡單且快速地看出個人特質與風格。

流行之美的基礎在於在最新的流行元素中，找到適合自己的款式、布料、色彩、配件、髮型、彩妝等來呼應自己的美，這才是流行和個人之間的關係。所以，找出自己的風格是「流行之美」的第一步。

換句話來講，人的風格也就是講「這是什麼型的人」。怎樣判斷人的服飾形象類型呢？主要是線條感，即人臉型的廓形、五官的類型、身體的線條感以及身體量感的大小等因素來決定的。

個人形象全面改造

一 面部輪廓解析

　　面部是人體的一部分，面部的廓形包括臉的廓形和五官的特徵。臉型的方圓、五官的形狀及大小均是構成面部線條感的成因。一般面部線條可劃分為直線型、曲線型、中間型。透過對照面部的觀察，做好相關選項，可具體而形象地詮釋人的面部線條感。

　　人的面部線條感或輪廓的形狀往往決定給別人的第一印象。「直線型」的臉部線條是有棱有角的，細長的鼻子、高顴骨、高頰骨、方或尖的下巴以及菱形或長方形的臉型，整體看來屬於直線的線條；「曲線型」臉部線條是柔和平滑的，圓圓的頰骨、豐滿的雙唇以及圓形的杏仁形狀的眼睛和橢圓、圓形、心形或梨形的臉型，整個看起來屬於曲線的線條；另外，介於直線型和曲線型之間的屬於混合型。

　　透過以下 10 個測試題的選項結果，我們可以觀察得出每個人的臉型線條感和五官的特徵。

　　臉型大且五官大者：搭配對比豔色、圖飾大、剪裁大的服飾；

　　臉型小且五官小者：搭配漸變淺色、圖飾小、剪裁小的服飾；

　　臉型大且五官小者：搭配剪裁大、漸變淺色、圖飾淺大或精細的服飾；

　　臉型小且五官大者：搭配剪裁小、對比豔色、圖飾奇異或誇張的服飾。

一 面部輪廓解析

1. 臉部輪廓：建議對著鏡子或由旁人觀察你的顴骨、腮骨

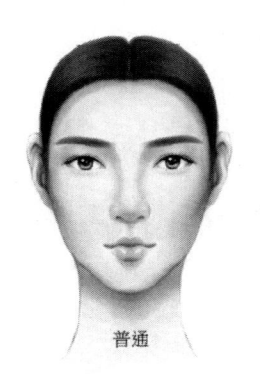

骨感　　　　　　　　圓潤　　　　　　　　普通

骨感：顴骨、腮骨突出，有立體感
普通：介於骨感和圓滑之間
圓潤：顴骨、腮骨不明顯，幾乎看不出來

2. 顴骨：建議對著鏡子或由旁人從側面觀察你的顴骨

突出　　　　　　　　不突出　　　　　　　一般

突出：骨感，輪廓立體
一般：介於突出與不突出之間
不突出：幾乎看不出來，顯圓潤

個人形象全面改造

3.下頜骨：建議對著鏡子或由旁人觀察你的頜骨

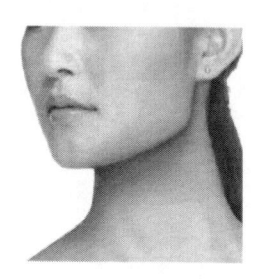

突出 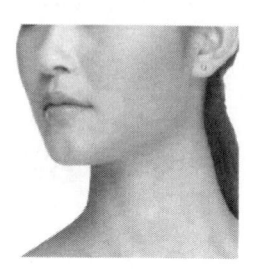　　　　　　　　　　幾乎看不出來 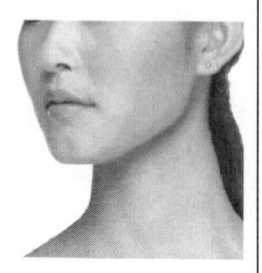　　　　　　　　　一般

突出：近於９０度，下頜骨明顯
一般：介於突出與幾乎看不出來之間
幾乎看不出來：臉部圓潤，下頜骨不明顯

4.下巴：建議對著鏡子或讓旁人從正面仔細觀察你的下巴

稜角分明意定感 　　　　　　瘦、尖 　　　　　　　　圓潤

稜角分明意定感：方形下巴，下巴兩側有稜角
圓潤：橢圓形下巴，下巴兩側眉眼稜角，圓潤過度
瘦、尖：尖下巴，下巴兩側連成一點

一 面部輪廓解析

5.面龐:建議對著鏡子或由旁人觀察你的面部與整體比例

大　　　　　　　　　　小　　　　　　　　　　中

大:面龐、五官略大,給人感覺臉部很大
中:介於大臉與小臉之間
小:面龐、五官比較小,感覺只是巴掌大

6.眼神:建議由不太熟悉的人來觀察你的眼神

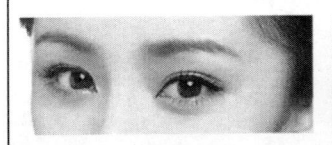

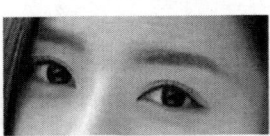

平直親切　　　　　　　柔和嫵媚　　　　　　　目光銳利

平直親切:看上去比較親切,讓人容易接觸
柔和嫵媚:嫵媚的眼神,比較吸引人
目光銳利:比較有距離感,讓人感覺不容易親近

個人形象全面改造

7.五官：建議對著鏡子或由旁人正面觀察你的顴骨、頜骨、腮骨、鼻子和嘴巴

誇張立體　　　　　　精緻小巧　　　　　　一般

誇張立體：臉部輪廓有骨感，顴骨頜骨和腮骨很明顯，眼睛、嘴巴偏大
一般：介於誇張立體和精緻小巧之間
精緻小巧：給人感覺長得很精緻

8.嘴唇：建議對著鏡子或由旁人觀察你的嘴唇

大、厚　　　　　　　一般　　　　　　　小、圓

大、厚：嘴巴比較大，嘴唇比較厚，在整個臉部中佔比最大
一般：介於大、厚和小、圓之間
小、圓：嘴巴小而圓，所佔比例小

9.眼睛：建議對著鏡子或由旁人觀察你的眼睛

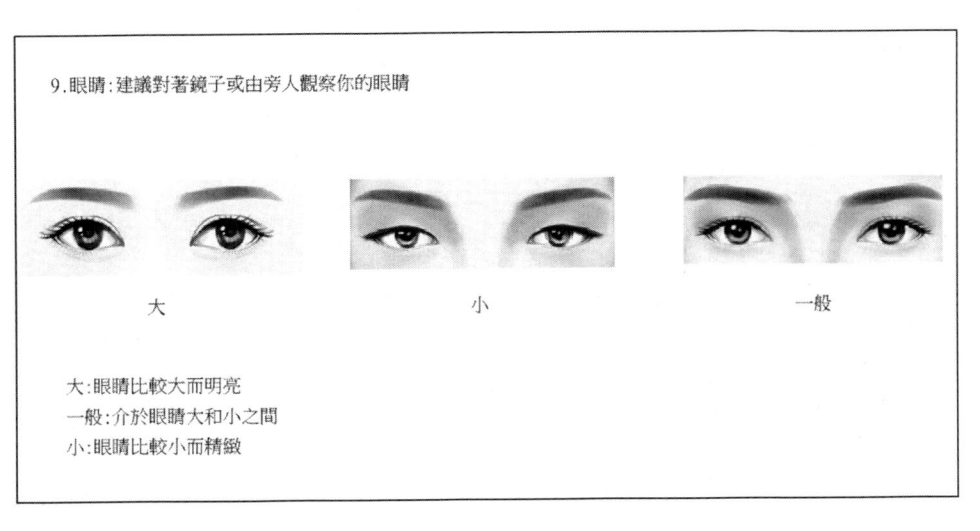

大　　　　　　　　　　小　　　　　　　　　　一般

大：眼睛比較大而明亮
一般：介於眼睛大和小之間
小：眼睛比較小而精緻

10.鼻子：建議對著鏡子或由旁人從側面觀察你的鼻子

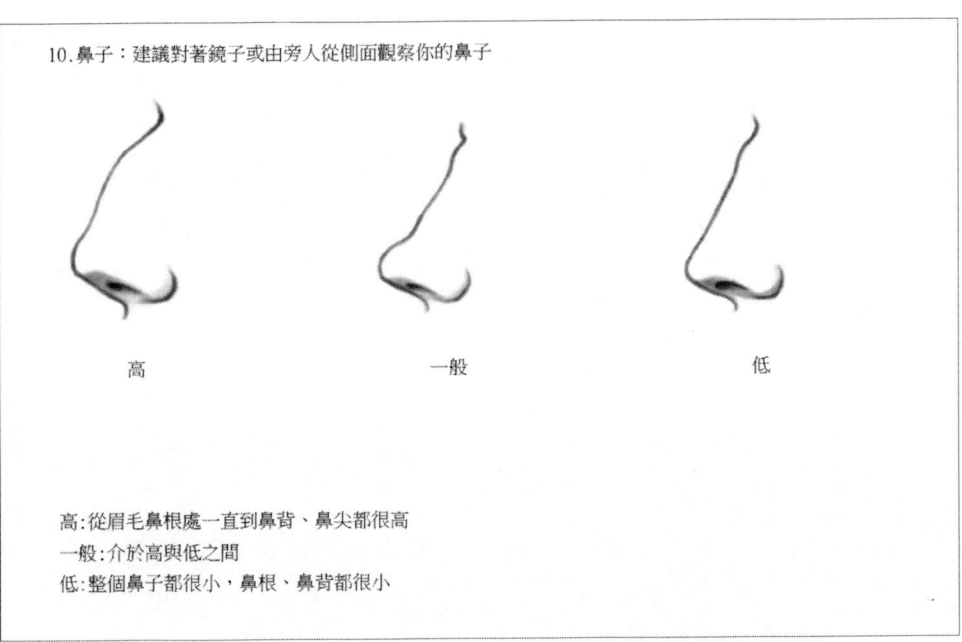

高　　　　　　　　　　一般　　　　　　　　　　低

高：從眉毛鼻根處一直到鼻背、鼻尖都很高
一般：介於高與低之間
低：整個鼻子都很小，鼻根、鼻背都很小

鑒於對人的五官與臉部特徵的解析，在服飾搭配時可以遵循下列規律。

個人形象全面改造

二 身體線條解析

線條是構成人特定身體外形特徵的主要元素，人的外形特徵是顯而易見的，容易辨識。例如，人們常用高、矮、胖、瘦、扁、圓、曲線或筆直等和體型有關的字眼來形容自己的身體，這些都是在表述某種形態的線條感。

身體的輪廓可以透過人的影子來觀察。

方法一：穿緊身衣褲，背對著光線，站在一面平整的牆壁前，約幾尺遠的地方，就會在牆上清楚地看到自己的影子。

方法二：站在一面全身鏡子前，往後站，觀察自己體型的主要線條，不要讓某一點特質，如豐滿的胸部、渾圓的臀部或粗壯的大腿，誤導了判斷，應該把重點放在臉型和身體輪廓線條的整體印象上。

（一）身體線條的類型

1. 直線型身體線條

直線型身體線條幾乎沒有什麼腰身，在人體側縫線處肋骨和臀線幾乎呈一條直線，腹部上方的肋骨前有一點點輪廓或凹陷。臀部通常扁平窄小，也有可能只是扁平，但比肋骨處寬。這類型中大部分人的肩膀又直又方，寬肩，胸部中等或偏小，身體為長方形，如圖 5-1 所示。

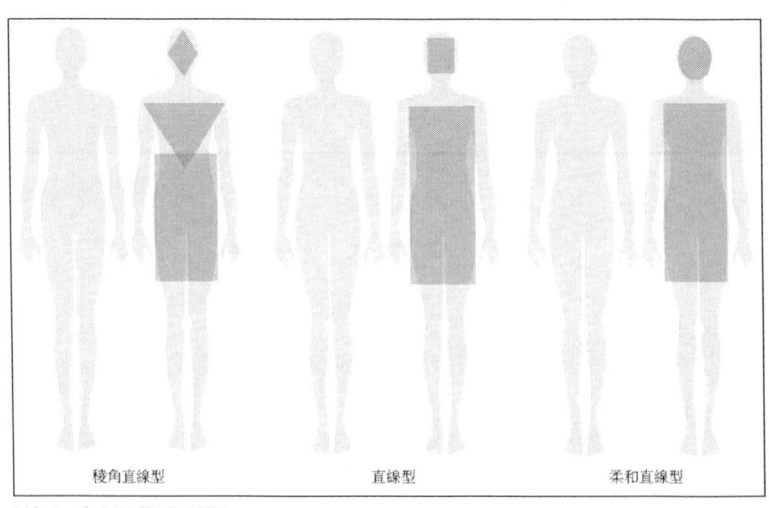

圖 5-1　直線型身體線條分析圖

126　第五章 人與風格

(1) 稜角直線型

觀察臉型為菱形臉，身體線條呈直線條，扁平、寬肩、窄臀。

(2) 直線型

觀察臉型為長方形或方形，身體線條呈直線，扁平、肩部平，肋骨與臀線在一條直線上。

2. 曲線型身體線條

身體線條富有曲線感的人，有的輪廓柔和平滑，或是有明顯的曲線。圓臀、有腰身、胸部豐滿，且身體的形狀呈圓形、橢圓形、心形、梨形，如圖 5-2。

(1) 柔和曲線型

觀察臉型是橢圓形，肩部正常弧度，有明顯腰身，身體線條呈橢圓弧線。

(2) 曲線型

觀察臉型是圓形臉，骨架略寬，胸部豐滿、圓臀、有腰身，身體線條呈曲線感，曲線彎曲程度為圓形。

3. 混合型身體線條

如果身體的線條沒有明確的「直線」或「曲線」，那麼極有可能屬於直線和曲線的混合型，或者臉型和身體輪廓線條形成對比的人。例如，臉型是曲線感，身體線條是筆直的屬於柔和直線型；而身體有一點彎曲的線條，臉部線條卻是直線感的人，屬於直線柔和型，如圖 5-1 和圖 5-2 中柔和直線型和直線柔和型。

個人形象全面改造

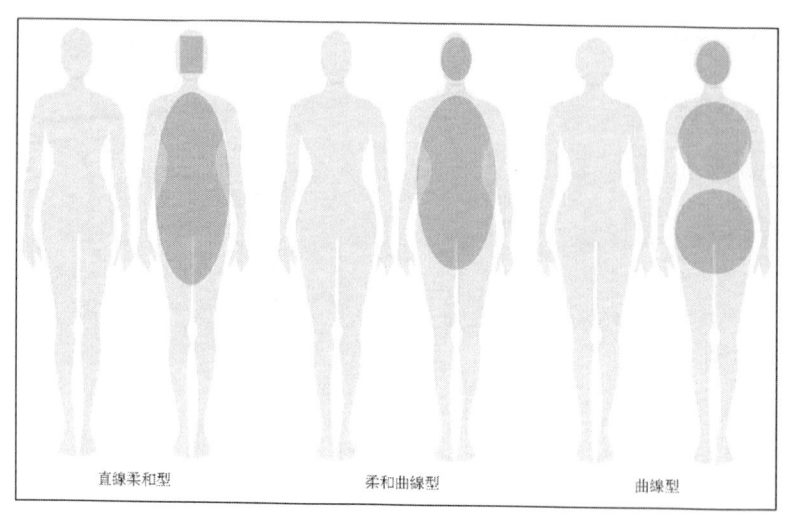

圖5-2　曲線型身體線條分析圖

（1）柔和直線型

觀察臉型是曲線感的橢圓形、圓形、心形等，身體線條筆直。

（2）直線柔和型

觀察臉型是長方形、方形，身體線條有曲線感，呈橢圓形或圓形的類型。

（二）線條感的歸類分析

在表 5-1 中，將人的臉型、身體以及整體的線條感加以總結歸納。

表5-1　線條感的歸類分析

	稜角直線型	直線型	柔和直線型	直線柔和型	柔和曲線型	曲線型
臉型	菱形 方形 三角形	方形 長方形 橢圓形(方下巴)	橢圓形	方形 柔和角度的 方形或三角形	橢圓形 圓形	圓型 橢圓形
體型	倒三角型 長方形或部分為三角形	方形 長方形	長方形，有一點曲線感	橢圓形	橢圓形	橢圓形或圓形
整體	三角形(寬肩) 有稜有角的臉型， 筆直的身體線條	長方形	橢圓形，有一點曲線感	橢圓形， 有一點點的 圓華曲線	橢圓形和 線條呈明顯的 曲線	圓形， 富於線條感的 豐滿身體

(三) 身體線條的代表人物

透過以上臉型和身體廓形的分類知識，首先要找出構成第一印象的主要線條。作為個體，每個人都具有自身獨特的身體線條，根據表現出的主要線條特徵，都可以從稜角直線、直線、柔和直線、直線柔和、柔和曲線、曲線中找到某一個位置。

下面將以大家所熟知的公眾人物為代表，進一步舉例分析，便於加深理解，見表 5-2。

表 5-2　身體線條的代表人物

身體線條	代表人物
稜角直線型	章子怡、孫燕姿
直線型	蕭亞軒、王菲
柔和直線型	陳慧琳、李冰冰
直線柔和型	陳莎莉
柔和曲線型	蕭薔、范冰冰
曲線型	陳好、徐若瑄、林依晨

隨著年齡的增長，人們通常無法保持年輕時的體態，體重的增加往往會使身體和臉部的線條產生變化。或許你是稜角直線變成直線、從柔和曲線變成曲線、從柔和直線變成柔和曲線，但是永遠不可能從非常直線變成曲線，也不可能逆向操作從曲線變成直線，因為，人與生俱來的骨架和形體輪廓是不可能改變的。因此，找準自己的輪廓特徵和身體線條，以此為基礎構建個人風格。

(四) 體型量感解析

什麼是體型量感？體型量感就是身體的量感，常是指身架的大小。體型量感也是構成人的風格的主要參考要素之一。

1. 體型量感大小

身體的量感是指身架的大小，與一個人的胖瘦沒有太大的關係，因此，身架大的人不一定高而胖，身架小的人也不一定矮而瘦。

對於臉部與身材準確的判定方式，除了輪廓和量感，還有「比例」。

個人形象全面改造

2. 量感和比例

依據人物外形大小量感和比例關係，可判斷人物的外形量感是大身架型、小身架型還是中間型，以及是比例均衡還是失衡。

（1）臉型量感大小是指五官臉型呈現的形態臉龐呈骨感、五官誇張而立體的人往往量感大；臉龐較小，五官緊湊而小巧的人往往量感較小；臉型量感大小介於兩者之間是中間型。

（2）身體量感是指人體骨架的大小建議對著鏡子或由旁人觀察自己的身形，骨架大的女子身高一般在 1.65 米以上；骨架小的女子身高一般在 1.58 米以下；一般骨架身形的女子身高介於 1.58~1.65 米之間，如圖 5-3 所示。

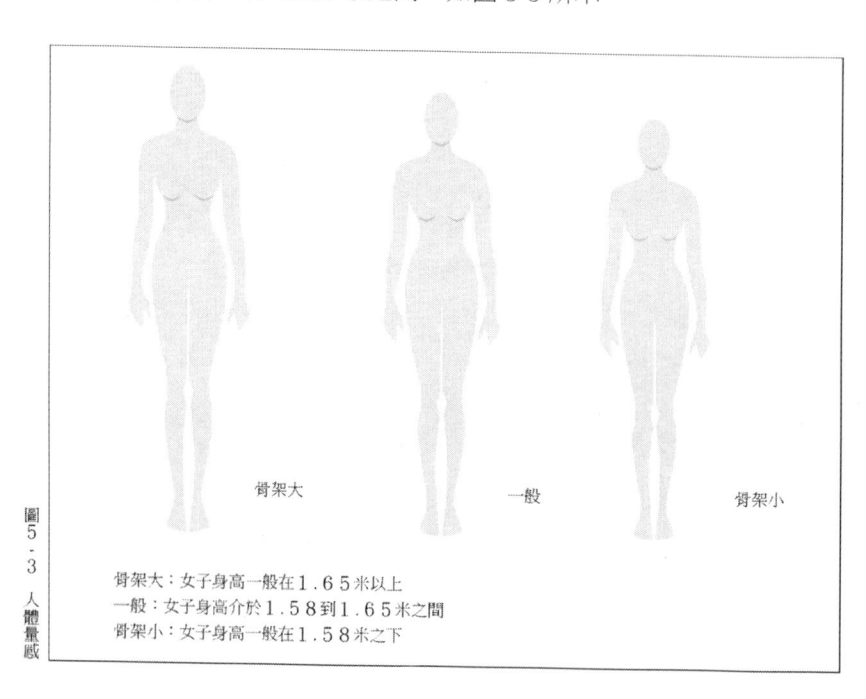

圖 5-3 人體量感

骨架大：女子身高一般在 1.65 米以上
一般：女子身高介於 1.58 到 1.65 米之間
骨架小：女子身高一般在 1.58 米之下

3. 體型量感與風格

結合體型量感、面部五官線條感和身體線條類型，可共同構成人物的風格類型。一般在個人形象風格診斷中，人的風格主要有八大類型：

（1）誇張戲劇（大量感＋直線型）：誇張、骨感、成熟、大氣、醒目、時髦、個性；

(2) 性感浪漫（大量感 + 曲線型）：成熟、華麗、曲線、性感、高貴、嫵媚、誇張；

　　(3) 正統古典（中量感 + 直線型）：端莊、成熟、高貴、正統、精緻、知性、保守；

　　(4) 瀟灑自然（中量感 + 中間型）：隨意、瀟灑、親切、自然、大方、淳樸、直線；

　　(5) 溫婉優雅（中量感 + 曲線型）：溫柔、雅緻、女人味；

　　(6) 英俊少年（小量感 + 直線型）：中性、直線、帥氣、幹練、好動、鋒利、簡約；

　　(7) 個性前衛（小量感 + 中間型）：個性、時尚、標新立異、古靈精怪、叛逆、革新；

　　(8) 可愛少女（小量感 + 曲線型）：可愛、圓潤、天真、活潑、甜美、稚氣、清純。

（五）風格診斷專業工具

　　人的風格診斷也有一套專業的工具，包括：專業款式風格診斷色布、直曲領型診斷專業工具、款式領型診斷專業工具，如圖 5-4 所示。

個人形象全面改造

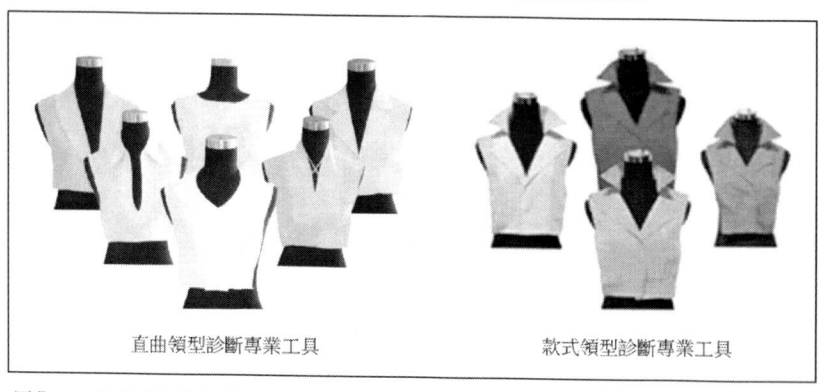

圖5-4　風格診斷專業工具

1. 專業款式風格診斷色布

　　專業款式風格診斷色布是個人款式風格診斷工具之一，總共10塊，囊括了八大款式，是針對大眾而研發的最典型的款式風格圖案，保證了款式風格診斷的精確性。

2. 直曲領型診斷專業工具

　　直曲領型診斷專業工具也是個人款式風格診斷工具之一，總共4塊。色彩顧問在款式風格的診斷過程中，用於確定具體人物直曲特徵，保證款型測試的精準性。

3. 款式領型診斷專業工具

　　款式領型診斷專業工具亦是個人款式風格診斷工具之一，總共16塊，囊括了女士的8大風格款式領型各兩個（八大風格包括少女、少年、優雅、浪漫、前衛、自然、

古典、戲劇），能夠準確地找出最佳的領型，保證診斷的結果。另外，男士也有 6 大款式的最具特徵的領型，便於色彩顧問更快捷、精準地診斷出結果。

（六）女性款式風格診斷流程

第一步：填寫診斷報告資料；

第二步：目測輪廓分析、量感分析、形容詞解讀及分析，從而得出款式風格規律的傾向；

第三步：款式布診斷分析；

第四步：直曲領型診斷分析；

第五步：款式領型診斷分析、款式領型診斷驗證分析；

第六步：得出初步診斷結果，並根據顧客綜合因素進行綜合分析；

第七步：得出最終診斷結果，給顧客講解服飾風格搭配規律，並提供參考方案。

依照表 5-3 所示，親自實踐女性款式風格診斷全過程。

個人形象全面改造

表5-3　女性款式風格診斷流程表

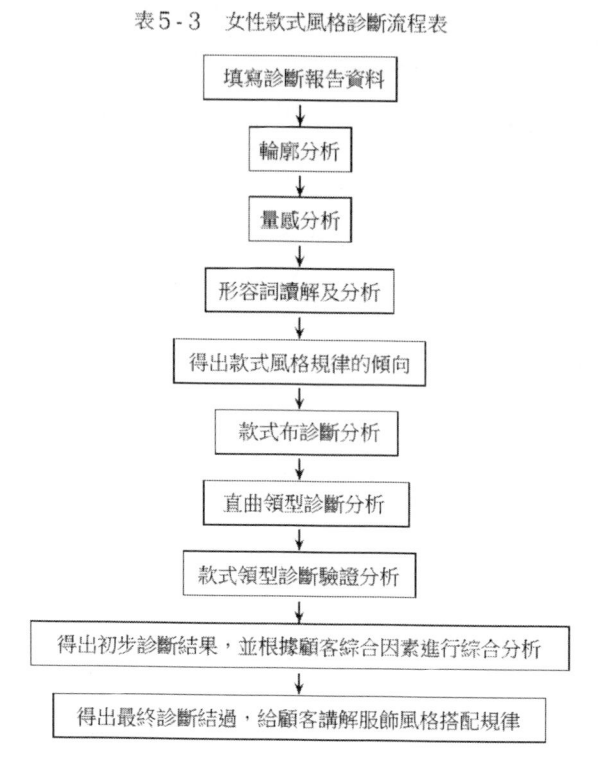

```
填寫診斷報告資料
      ↓
   輪廓分析
      ↓
   量感分析
      ↓
形容詞讀解及分析
      ↓
得出款式風格規律的傾向
      ↓
  款式布診斷分析
      ↓
 直曲領型診斷分析
      ↓
款式領型診斷驗證分析
      ↓
得出初步診斷結果，並根據顧客綜合因素進行綜合分析
      ↓
得出最終診斷結過，給顧客講解服飾風格搭配規律
```

三 服裝的線條

（一）服裝線條的決定因素

服裝的線條感主要由四個要素決定，分別是服裝的長度、服裝面料的重量、服裝的厚度、印花圖案。

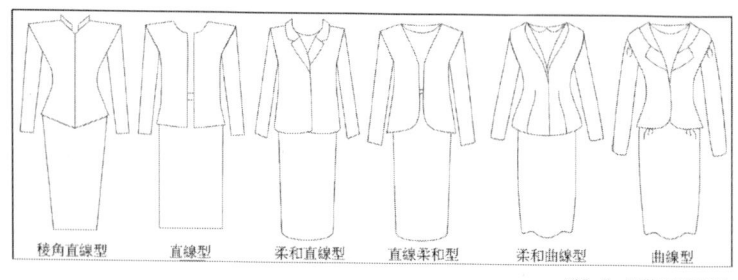

棱角直線型　　直線型　　柔和直線型　　直線柔和型　　柔和曲線型　　曲線型

圖5-5　服裝外輪廓線條

134　第五章 人與風格

三 服裝的線條

1. 服裝的長度

（1）服裝的外輪廓線條

　　服裝的外輪廓線條，也就是衣服剪裁的外部線條。服裝跟身體一樣，也是有線條感的。同樣，也分為 6 種線條，分別是稜角直線型、直線型、柔和直線型、直線柔和型、柔和曲線型、曲線型，如圖 5-5 所示。同時，服裝的外輪廓線條應與相對應的人體線條相互映襯，如圖 5-6 所示。當然，還需協調搭配。

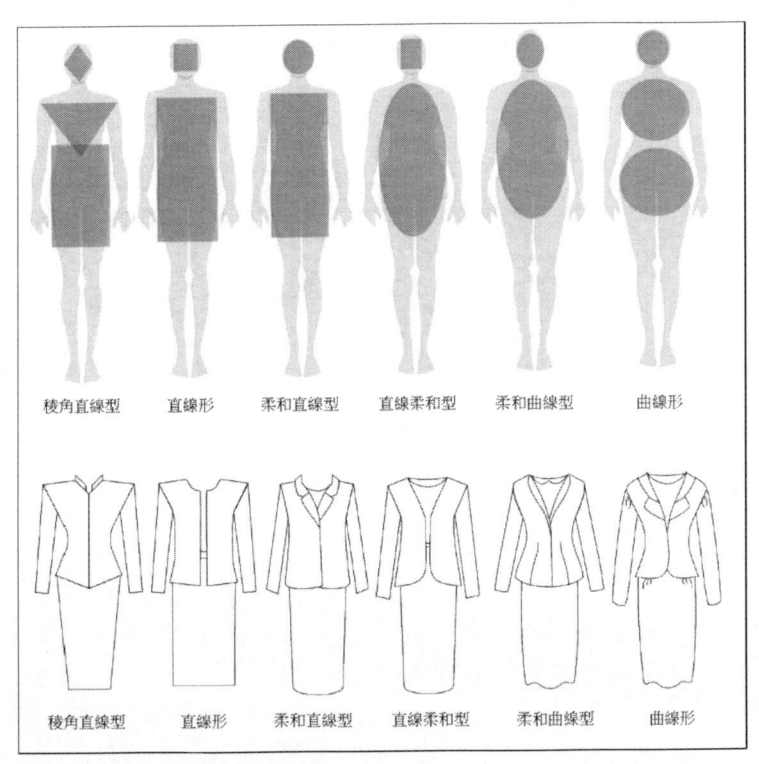

圖 5-6　人體線條與服裝外輪廓線條的搭配

（2）服裝細節的線條

　　細節線條是強化或平衡一件衣服整體外觀的重要元素之一。運用抽褶，能將服裝的外形由直線變為柔和曲線，甚至變成彎曲的曲線條；運用服裝內部的分割線與育克線，或服裝邊緣的修飾、裝飾物的點綴、省道的結構變化，都可以改變原本的服裝外貌。如表 5-4 所示，可以將服裝細節大致歸類，以便參考學習。

個人形象全面改造

表5-4　服裝細節線條歸類

直線型	縫褶：長而直、造型尖銳，或沒有縫褶 線跡：線跡明線、面縫明線、有對比明線的鑲邊，有穗帶或滾邊 打褶襉：燙平、縫合、不對稱 袖子：肩線部位有直線褶襉、方形墊肩、錐形袖或俐落的蓬袖 衣領：尖領、平翻領、加內襯的直角邊緣、方形領、立領、劍領、鑲邊領 口袋：邊緣明顯、方形、滾邊袋、隱形口袋 外套：對襟開合、方形下擺、合身或寬鬆、不對稱的縫邊、對比的鈕扣和邊緣修飾 領口：方形、船形、對比的邊緣修飾、V領、旗袍領、高領
柔和直線型	上半身用適合曲線的細部線條、胸線以下用適合直線的細部線條、腰部不做任何強調、直線條細節，單用柔軟面料
直線柔和型	上半身用適合直線的細部線條、胸線以下用適合曲線的細部線條
曲線型	縫褶：柔軟地聚集在一起的抽褶、柔軟的褶皺、鬆鬆的縫褶 縫合線：細針跡、彎曲的縫合線、沒有明線或精細的明線、鬆鬆的縫合線 打褶襉：柔軟的、沒有燙平的、抽在一起的、鬆鬆的 袖子：抽褶袖、落肩袖、柔和的、有流動感的、圓肩墊 翻領：圓形、彎曲形、絲瓜領、斜裁 衣領：圓的、翻捲的、有圓形邊緣的西裝領 領口：圓形、勺形、垂墜的、有花邊的、有荷葉邊的 口袋：有翻蓋的貼袋、圓形 外套：稍微貼身的、明顯強調的腰線、圓形下擺、彎曲的縫邊

2. 服裝的寬度

面料的重量、圖案設計和表面肌理效果都會影響服裝的寬度。

一件衣服看起來比較輕盈細緻，而另一件看起來比較厚重，到底怎樣來做選擇呢？關鍵取決於穿著者的骨架大小和臉部線條。有的人臉部線條精緻細巧，骨架纖細，必然選擇輕盈細緻的面料，如細華達呢、細斜紋布、絲綢、雪紡、泡泡紗、細麻布等。而有的人骨架較大、臉部線條也較粗，手腕、腳踝、腿等部位也較粗壯，那麼，可以選用中等或厚的華達呢、厚斜紋布、麻布、生絲、緞、針織等類型的面料，也可用較大的鈕扣、飾品配件來裝飾。只有選擇與個人相適應的面料才能平衡服裝和身體的協調關係。

3. 服裝的厚度

服裝面料的厚薄、肌理效果亦是服裝線條的一個顯著特徵。有肌理效果的面料是指表面有凹凸紋理、粗糙多節或織物結構鬆散的面料。一件有肌理效果的或者織

物結構鬆散的面料會顯得線條比較柔軟，所有邊緣和衣角都被軟化，顯得比較圓；一件織物結構緊密的面料會創造出比較筆挺的線條，衣角、邊緣和細部線條都會顯得乾淨俐落。

在服飾搭配時，有肌理效果的面料並不適合所有曲線感的人，特別是不適合有許多彎曲線條的曲線體型。

因為，肌理效果會使曲線體型看起來臃腫、笨重，不俐落，好似一隻泰迪熊。曲線型的人需要表面平滑、質地柔軟，有垂墜感、有波浪感的面料。正因如此，肌理效果的面料適合需要塑造柔和直線類型的人。

4. 印花圖案

印花圖案和肌理效果一樣，也必須搭配服裝的線條。服裝的印花圖案數不盡數，變化無窮。每年兩季的國際流行趨勢都會發布各種主題的印花圖案，經常會看到在線條筆直的服裝上出現誇張狂野的大紅玫瑰花或夏威夷風情的印花圖案，往往在一陣銷售熱潮過後，就會消失。相反，那些經典的服裝卻將服裝的線條和印花圖案協調地結合起來，實現了經典服裝的永久流傳。

身體的線條越有稜角、越筆直，就越應該選擇用幾何圖案或直線條的印花圖案；在柔和曲線的服裝款式上，最好選用柔和的印花圖案或水彩圖案；而柔和直線型身體的線條，應該選擇一定程度的、有流動感的圖案，過於筆直或彎曲的圖案都不太合適，其上半身可以用比較柔和的圖案，下半身則用比較直線條的圖案；直線柔和型則相反。舉例歸納印花圖案與身體線條的選擇，如表5-5 所示。

表5-5　印花圖案與身體線條

直線型	幾何圖案、格子、條紋、千鳥格、抽象圖案、摩登圖案
柔和直線型	螺旋花紋、寫實圖案、條紋、叢林圖案、方格、棋盤格、動物圖案、粗花呢
曲線型	花朵、漩渦圖案、水彩圖案、旋動圖案、寫實圖案、雲紋、圓形圖案

（二）服裝線條比較

分析透過對某種常見服裝單品大衣、外套、T恤、毛衫，以及半身裙、褲子等款式的比較分析，更形象地加深對服裝線條感的理解。

個人形象全面改造

1. 半身裙（圖 5-7）

——曲線傾向
一步裙　荷葉裙
拼接　百褶款式
印花圖案
曲線型設計

·半身裙

直線傾向——
A字裙　直筒裙
條紋　格紋
對稱圖案　方兜
面料硬挺

圖 5-7　半身裙

2. 毛衫（圖 5-8）

·毛衫

——曲線傾向
荷葉邊底　花邊領
圓領　自由領
編織花紋柔和
面料輕柔

直線傾向——
正方形　直筒型輪廓
條紋　方格紋樣
圖案簡單

圖 5-8　毛衫

三 服裝的線條

3. 褲子（圖 5-9）

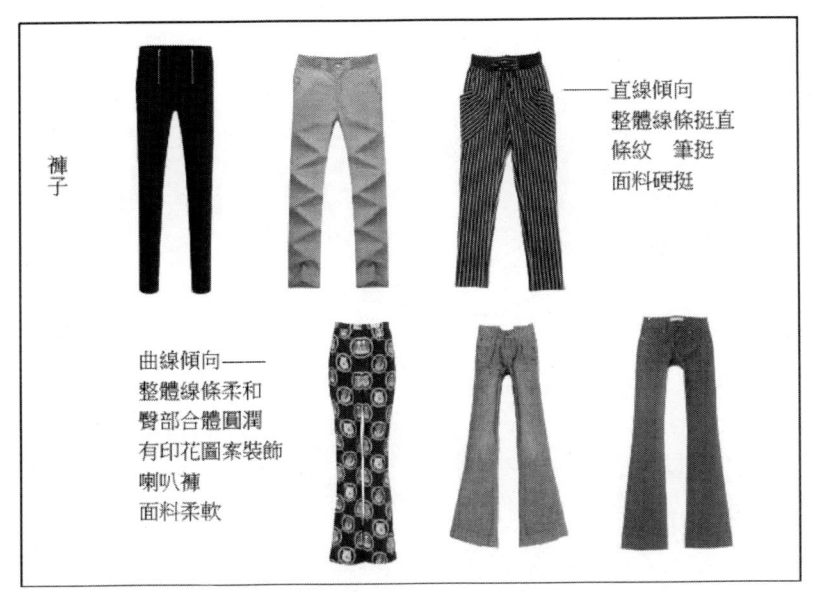

——直線傾向
整體線條挺直
條紋　筆挺
面料硬挺

褲子

曲線傾向——
整體線條柔和
臀部合體圓潤
有印花圖案裝飾
喇叭褲
面料柔軟

圖5-9　褲子

4.T恤（圖 5-10）

——曲線傾向
荷葉邊底
蝴蝶領　圓領
印花圖案
蕾絲拼接
面料輕柔

T恤

直線傾向——
直條紋　格紋
對稱拼接
輪廓呈直筒型

圖5-10　T恤

139

個人形象全面改造

5. 大衣外套（圖 5-11）

·大衣外套

直線　量感小	直線　量感大	曲線　量感小	曲線　量感大
整體輪廓直線傾向	整體輪廓直線傾向	整體輪廓直線傾向	整體輪廓曲線傾向
立領	立領	圓角領	大翻領
方形口袋	直門襟	有裙襬蝴蝶結腰帶	有裙襬寬腰帶
面料硬挺	披風款式	面料輕柔	面料輕柔　厚實
	面料厚實		

圖 5-11　大衣外套

四 服飾風格解析

　　現代人的著裝風格各異，服飾的式樣形式多變，總體上可歸納為八大風格：誇張戲劇型、正統古典型、瀟灑自然型、個性前衛型、英俊少年型、可愛少女型、性感浪漫型、溫婉優雅型。

四 服飾風格解析

（一）八大類型服飾風格特徵

1. 誇張戲劇型服飾（圖 5-12）

圖5-12　誇張戲劇型服飾

　　（1）款式特徵：大墊肩、大開領、斜裁、喇叭袖、多層花邊、男性化西裝、緊身深開叉長裙、披肩風衣、大腳褲、裙褲、扇袖、寬腰帶、流蘇。

　　（2）面料特徵：墜感強的金銀絲織物，皮草、皮毛混合面料，質感強的面料。

　　（3）圖案特點：誇張華麗的圖案、色彩反差大的圖案、幾何圖案、建築圖案、大朵花卉團圖案。

2. 正統古典型服飾（圖 5-13）

圖5-13　正統古典型服飾

（1）款式特徵：剪裁合體的套裝、絲綢襯衫、一步裙、職業裝、連身裙、旗袍、大衣、風衣、直板褲、方領、標準 V 領、一字領、小襯衣領。

（2）面料特徵：開司米、縐綢、羊絨、精紡織物、亞光面料、純天然面料、精緻毛料，如精織棉、棉、麻、綢、毛料等。

（3）圖案特點：以素色為主、中小型圖案、排列整齊，如花、點、格、條紋等。

3. 瀟灑自然型服飾（圖 5-14）

圖5-14　瀟灑自然型服飾

（1）款式特徵：寬鬆的直筒褲、運動服、民族服飾、A字裙、直筒裙、牛仔褲、T恤衫、開衫、針織衫、運動裝；V領、無袖、半袖、明兜明線等。

（2）面料特徵：啞光面料、粗紡、毛織及天然織物，如：牛仔布、帆布、棉麻、手工編織面料等。

（3）圖案特點：邊緣粗糙的幾何類型的圖案、自然的花草、異域的圖案、古樸的文字等。

個人形象全面改造

4. 個性前衛型服飾（圖 5-15）

圖5-15　個性前衛型服飾

（1）款式特徵：牛仔衣褲、超短上衣、超短裙、皮衣、靴褲、立領、單肩袖、斜裁、混搭、多拉鏈、多口袋、緊身、露背、露臍、鉚釘、不對稱設計。

（2）面料特徵：高科技、閃光的面料、塗層面料、鱷魚皮面料、亮片面料、化纖面料。

（3）圖案特點：幾何圖案、不規則的字母、文字排列、動物紋、人紋、不對稱圖案或環境圖案。

四 服飾風格解析

5. 英俊少年型服飾（圖 5-16）

圖5-16　英俊少年型服飾

（1）款式特徵：運動衫、馬甲、分褲、熱褲、T恤衫、直板褲、靴褲、背帶褲、短外套、夾克、背心、雙排扣、牛仔立領、休閒西裝領、鴨舌帽、肩章、貼袋等。

（2）面料特徵：硬挺、光澤度高的面料，如化纖、塗層、皮革等；或純天然的織物，如棉、麻、牛仔布等。

（3）圖案特點：條狀、小格紋、字母、建築、有角幾何圖形或素色。

個人形象全面改造

6. 可愛少女型服飾（圖 5-17）

圖 5-17　可愛少女型服飾

　　（1）款式特徵：公主裙、蛋糕裙、背帶裙、百褶裙、小披肩、貝殼衫、七分褲、小開衫、連衣裙；燈籠袖、荷葉邊、花瓣袖、泡泡袖、圓領、青果領、蕾絲、蝴蝶結等。

　　（2）面料特徵：啞光的純天然的面料，如棉、麻、細燈芯絨、平絨、柔軟的羊毛、兔毛、柔軟的針織毛織物等。

　　（3）圖案特點：單瓣的花朵、小動物、小圓點、心形圖案、蝴蝶結、卡通圖案等。

7. 性感浪漫型服飾（圖 5-18）

圖5-18　性感浪漫型服飾

（1）款式特徵：大擺裙、花苞裙、吊帶衫、闊腿褲、皮草、華麗誇張的晚禮服、多層次的上衣或裙子；收腰的、花瓣狀的、飄帶、花邊、碎褶等。

（2）面料特徵：光澤感強、細膩精緻、鏤空面料，如絲絨、緞類、皮革、金銀絲織物、蕾絲、刺繡、真絲等。

（3）圖案特點：寫實的花朵、暈染類型、大氣夢幻的花朵，如雲朵。總之，圖案要繁雜，不能太簡單。

個人形象全面改造

8. 溫婉優雅型服飾（圖5-19）

圖5-19　優雅溫婉型服飾

　　（1）款式特徵：針織衫、連衣裙、毛衫、碎花襯衣、一步裙、荷葉邊、蕾絲、飄帶、燈籠袖等。

　　（2）面料特徵：輕薄的織物、天然織物、啞光柔軟的織物，拒絕粗糙硬挺的面料。

　　（3）圖案特點：碎花、點狀、水滴形、暈染的色彩、小而纖細的圖案等。

（二）人物風格類型及特徵

　　1. 誇張戲劇型：骨感、成熟、大氣、醒目、時尚，呈戲劇感；

　　2. 個性前衛型：個性、時尚、標新立異、古靈精怪；

　　3. 性感浪漫型：華麗、曲線、性感、高貴、嫵媚；

4. 正統古典型：成熟、正統、知性、典雅；

5. 瀟灑自然型：隨意、瀟灑、親切、自然、大方、純樸；

6. 溫婉優雅型：溫柔、雅緻、女人味、精緻、曲線、溫婉；

7. 英俊少年型：中性、直線、帥氣、好動、簡約；

8. 可愛少女型：可愛、圓潤、天真、活潑、甜美、稚氣、清純。

當然，現在人的生活狀態要求人們必須依照場合來著裝，偶爾也會受到追求時尚的心理或變化的心情來著裝，因而不同的著裝需求演繹出多種風格。如果一個人在二十五歲以前能夠駕馭多種不同風格類型的服裝，就不必一定把自己的風格固定於一種模式，或者說在年輕時可以根據不同的需求，穿插變化自己的著裝風格，在三十歲以後相對固定著裝風格的選擇範圍即可。

（三）服飾風格類型及代表人物（見表5-6）

表5-6 服飾風格類型即代表人物

服飾風格類型	代表人物
誇張戲劇型	張咪、齊豫、楊二車娜姆、三毛
正統古典型	李瑞英、吳儀
瀟灑自然型	劉若英、徐靜蕾、嫻英、田震
個性前衛型	王菲、莫文蔚、蕭亞軒、呂燕、吳莫愁
英俊少年型	李宇春、周筆暢、潘美辰、劉力揚
可愛少女型	張娜拉、楊鈺瑩、周迅
性感浪漫型	溫碧霞、李玟、陳好、鍾麗緹
溫婉優雅型	楊瀾、趙雅芝、劉嘉玲、蔣雯麗

誇張戲劇型人的特徵：臉部輪廓分明，身材高大，性特別向，坦率自然。適合選擇一些誇張、個性的服飾。在色彩方面，適合選擇自己色系裡彩度偏高的、有視覺衝擊力的顏色。對比鮮明的色彩加上個性化的服飾，會更好地突出戲劇型人的特點。戲劇型人重點是要突出個性。

個性前衛型人的特徵：五官立體，身材較小、苗條，性格特別，觀念超前。在服飾搭配方面，比較適合短小精悍的服裝，款式突出新穎、別緻，裁剪方式應該是

個人形象全面改造

直線的、不對稱的、不規則的，突出超前的個性。色彩方面，適合不調和的、出人意料的、無人嘗試的顏色。如紅、橙、黃綠燈，突出標新立異的個性。

性感浪漫型人的特徵：面部柔和，眼睛迷人，身材豐滿圓潤。在服飾搭配方面，適合曲線剪裁、奢華高貴的服飾，突出曲線美。在色彩方面，適合豔麗的紅色、橙色、多情的粉色、高貴的紫色、華麗的金色。

正統古典型人的特徵：面部線條與身材都比較平直，性格嚴謹、傳統、與人較有距離感。在服飾搭配方面，適合穿做工精良、裁剪合體的套裝。在色彩方面，適合自己色系中的中性色，如藍色、綠色、棕色、灰色等，也適合一些淡色調的服裝。

瀟灑自然型人的特徵：面部輪廓呈直線感，身材呈直線型，神態輕鬆、隨意、不造作，具有親和力。在服飾搭配方面，適合穿那種寬鬆的衣服及褲子，也可以穿得有型、時尚，粗針毛衣配長褲另有一種瀟脫隨意，平和的條紋、佩斯利螺旋紋圖案、手工編織圖案等也是上選，簡約連衣裙，自然的葉紋，極其吻合健康而瀟灑的身材，重點突出隨意和瀟脫的氣質。在色彩方面，選擇自己色系中柔和自然、不刺激的顏色。

溫婉優雅型人的特徵：面部柔和，身材圓潤，性格溫柔文靜。服飾搭配方面，適合穿著曲線裁剪、品質高貴、婉約脫俗的服飾。在色彩方面，宜用柔和的、淺淡的顏色展現女性魅力，如象牙白、暖灰色、淡藍色、駝色等。如果要把時尚的元素加進去，也可選擇較深的橄欖綠、褐色、酒紅色，把那些中性色與補色相融合，就能搭配出展現典雅、高貴風采的服飾效果。

英俊少年型人的特徵：面部線條較為分明，身材適中，呈直線型。在服飾搭配方面，適合直線裁剪的、並能體現活潑好動個性的服飾。在色彩方面，適合自己色系裡明快鮮豔的顏色，如綠色、藍色、黃色等，中明度偏高明度的色彩才能突出其開朗樂觀與朝氣的個性。

可愛少女型人的特徵：面部線條柔和，身材適中，性格開朗、活潑。在服飾搭配方面，適合穿著曲線剪裁、輕盈柔美的服飾。在色彩方面，適合柔和、淺淡、溫馨的顏色，如粉色、乳白、淺綠、淺藍色。

綜上所述，人物風格與服裝風格的映襯技巧——大配大小配小；曲配曲直配直；柔配柔剛配剛。

四 服飾風格解析

思考與練習

1. 尋找自己的風格類型。

2. 以圖文並茂的形式為身邊的 4～8 位親戚朋友做風格診斷。

3. 根據女性服飾 8 大風格的主要內容，結合今年的服飾流行趨勢，為每一種風格類型提供 4 種不同的服飾搭配方案，以 PPT 形式課堂分享。

個人形象全面改造

第六章 服飾搭配規律

導讀

　　學習服裝色彩、面料、風格、款式等方面的搭配規律；結合流行趨勢資訊，掌握對比與協調的平衡關係、統一和個性的關係以及TPO原則；綜合運用服裝搭配的要素和規律，靈活策劃與搭配。

　　章節重點：培養學生對時尚的快速反應能力，掌握提煉時尚資訊的技巧，在實踐中逐漸提高服飾搭配的能力。

　　其他補充：收集當季流行的服裝單品、服裝面料、服飾風格以及飾品的圖片或資訊。

　　服裝搭配沒有一成不變的定式，它隨著時尚流行趨勢的變化而變化，一種文化理念、生活態度、情緒變化、藝術審美……對人們的服裝搭配都起著催化的作用。

　　雖然服裝搭配沒有固定的模式，但卻是有規律可循的。在任何情況下，服裝搭配都由四大要素主宰，即色彩、風格、面料、款式；當然，服裝搭配也必須因人而異，需考慮到著裝的時間、目的、場合等因素，即著裝「TOP」原則。

▍一 服飾色彩搭配

　　色彩靠視覺來傳遞資訊，色彩的資訊已廣泛地深入人類生活的各個領域。服裝色彩是服裝感觀的第一印象，是服裝搭配中第一要素，具有極強的吸引力。

（一）服飾色彩與心理

　　英國心理學家保羅·格列高裡說「色彩是視覺審美的核心，深刻地影響我們的情緒狀態」。這說明色彩可以影響人的心理，同時心理變化也決定人對色彩的選擇。人們對色彩的偏好，不一定是從服裝美出發的。原因在於，色彩在表現中被賦予了一定的感情，不同的色彩帶給人們不同的心理感受，同時產生不同的視覺作用。每種色彩都有特定的內涵，並且是多層面的，其中蘊含的情感和性格也是既豐富又矛盾。例如，黑色可以作為禮服來表現高貴、莊重、神祕，也可以作為喪服來烘托悲痛、凝重、死亡的氣息；白色是純潔的、神聖的，也是恐怖、空虛的象徵；紅色能代表強烈、

個人形象全面改造

喜慶、革命，也可以是流血、浮躁、戰爭。運用服裝色彩時要把握不同色彩的情感表現，創造出個性化的視覺效果，使色彩的表現更貼合人的外部形象和心理變化。

1. 紅色調

紅色調的服裝給人一種熱情洋溢、積極明快的感覺，非常吸引人注意，屬於女性味較濃的色調。在日常生活中，不適合經常穿正紅、鮮紅色調的服裝，偶爾穿著才能立即收到「人逢喜事精神爽」的色彩印象。

純紅色調：具有大膽、火熱、吉祥、喜氣的象徵意義。在喜慶、節日、宴會時穿著，特別能顯出隆重、華麗的效果，可以與金色或黑色搭配。

粉紅色調：給人一種純情、夢幻、可愛之感，較適合年輕的女性穿著，使用範圍很廣，配件以銀色或白色最合適。

暗紅色調：具有穩定與成熟的色感，頗受 30 歲以上女性喜愛，不失高貴、華美的特質，配件以黑、灰較適當。

2. 橙色調

橙色可分為黃橙色調與紅橙色調，色彩感覺以膨脹為特點，與無彩色的黑、白搭配，最能表現此色調的美感，是活潑、甜美、熱情的色調。在炎炎夏日中，被曬黑的褐色皮膚，穿上橙色調的服飾，最容易使人感到橙色調的熱情、奔放。咖啡色屬於橙色調中的暗橙色，極為典雅、莊重。黃皮膚或較黑的皮膚都適合橙色的服飾。

3. 黃色調

黃色帶給人明朗、高貴、光明的感覺。黃色調的色感生氣勃勃、亮麗非凡，適當以黑或白搭配，可以產生光彩耀眼的效果。淺黃色用在嬰兒衣物上使人倍覺溫馨可愛，而土黃色與膚色接近，較白晳的皮膚穿著較適合。

4. 綠色調

綠色是自然、青春的象徵。東方女性穿著綠色服飾時，需用化妝來調整膚色，因為白晳的膚色以及口紅的顏色，會使綠色更為明豔動人。而配件搭配以白色或黑色為宜，能顯出特色。黃綠色除了具有綠色的性格之外，還多了幾分未成熟的青春感，適合年輕男女的服飾。暗綠色又稱墨綠色，是高雅、樸素的色彩，適用於秋冬服飾。

一 服飾色彩搭配

5. 藍色調

藍色是紅、黃、藍三原色中廣受男女老少喜歡的色彩，有沉穩、冷靜、理智的色彩性格。此色調穿在身上與膚色極為協調，有不凸顯、不刺激的特點。深藍色調套裝適合在上班、會議、洽談時穿著，最能顯出誠懇、敬業的專業形象，因為深藍色具有沉靜、理智的色感。搭配配飾則以無彩色的黑或白最相宜。

淺藍色調，由於純度低、明度高，能給人清爽、明朗、潔淨的色感，是嬰幼兒衣物常用色彩。淺藍色調的色彩，常用於春夏服裝，也是年輕人喜歡穿著的色彩。飾物的色彩以白色、銀色最適合，儘量選擇單純、明朗的色調，這樣才能顯示出淺藍色獨特的氣質。

6. 紫色調

紫色常給人高貴、神祕、優雅的色彩感覺，是男女皆宜的色彩，因為紫色揉合了紅色與藍色的性格特質，綜合了熱情與沉靜，所以，對紫色的接受度較高。

藍紫色服裝，藍色成分較重，較受男性喜歡。與白搭配的藍紫色調，特別鮮明，引人注目。

紅紫色的服裝，由於偏紅色，女性味濃，特受女性喜愛，也是中年女士經常選用的服裝色彩。

淺紫色富於羅曼蒂克的夢幻感，從少女的洋裝到成熟女性的套裝都適合。飾物的搭配以白色、銀白色為好，重點色則以藍紫、紅紫來襯托，應維持統一和諧的色調感。

暗紫色極為穩重、大方，作為禮服的色彩，顯得特別高尚、時髦，配飾以金、銀最能顯出此色的華麗感。作為秋冬裝的色彩，最適合中青年人使用，給人以穩定、優雅的色彩感覺。

7. 多色調

服裝配色在三色以上至多色，多色調常伴隨著花紋、圖案，帶給人豐富多彩、充實美滿的色彩感覺。在服飾色彩中，常見的多色調有：

淺淡的多色調：給人輕快、甜美的色彩感覺，是少女裝與嬰幼兒服裝常使用的色調。

個人形象全面改造

明亮飽和的多色調：色感活潑、亮麗，作為外出服或運動服的色調，能帶給人積極、明朗的感受。若作為正式禮服，則具有豔麗、華美的色彩感覺。

灰暗的色調：給人一種樸實、高雅、穩定的色感，由於不凸顯明度及彩度，穿著此色調在人群中，會覺得特別自在、舒服，被認為是極高雅的色調，頗受中年人或講究色彩品味的人喜愛。

深暗的多色調：具有寫實、穩重、典雅的色彩感覺，由於明度偏低，花紋、圖案不明顯，給人一種古典、含蓄的美感，是秋冬服飾最常見的色調。

8. 無彩色色調

黑色調使人感覺嚴肅、冷漠、尊貴，適用於套裝或正式禮服。在重要會議、正式宴會或慶祝典禮中穿著黑色調的服裝，特別能表現黑色獨有的貴重感。

灰色調是必備的色調之一，灰色調的服裝具有沉默、樸實的色彩感覺，是男性西裝的常規色彩。淺灰色較柔和，與淺色系搭配效果較好。深灰色在秋冬裝出現最多，與金色、銀色搭配，可以提升灰色的穿著效果。

白色調帶給人潔淨、純真、聖潔的色彩感覺，新娘的婚紗禮服，就是把白色的色彩含義發揮到極致的最好代表。在一般場合，若以一身白色裝扮出現，也會成為眾人矚目的焦點。白色是春夏裝常見的色彩，運動服也經常使用白色。

9. 中間色調

中間色調如大地上的泥土、乾草、枯木、細砂、岩石等自然本色。

中間色的色感極為穩定、沉著、理性，格調高尚、大方，是服飾色彩中不可缺少的高雅色調，如常見的風衣色彩、皮包、皮鞋、皮帶等褐色系的配件。中間色調容易與其他色相搭配，可以把有彩色襯托得更醒目。通常風衣、大衣、外套、長褲等服裝使用中間色調相當多，這也是中間色調受歡迎的緣故。

不同形式的色彩組合搭配可以影響人們的不同情感感受，亦能顯現出人們內心的情緒、愛好、性格、審美，同時，亦能創造出不同的藝術氛圍和著裝個性。無論是單一的顏色，還是多種顏色的組合，都要受色彩心理感受、情緒、喜好等方面的制約。

一 服飾色彩搭配

（二）服飾色彩搭配類型

人類肉眼能看到的顏色達 750～1000 萬種。在設計師眼中，沒有醜的色彩，只有難看的組合搭配。掌握色彩搭配的面積比例，靈活運用透疊或虛實等調和手法亦可以使服裝色彩搭配更富變化。一般情況下，服裝的色彩搭配分為四種類型：一類是對比色搭配；二類是近似色搭配；三類是中性色的搭配；四類是特別色搭配。

1. 對比色搭配

對比色的搭配有較強的視覺衝擊力，具有醒目、跳躍、令人興奮的特點。（圖 6-1）

（1）強烈色搭配

強烈色搭配指在色相環上兩個相隔較遠的顏色相配，色相對比距離約 120 度左右，為強對比類型，如黃綠與紅紫色對比等。該類型效果強烈、醒目、有力、活潑、豐富，但也不易統一，且感覺雜亂、刺激，易造成視覺疲勞。強烈色搭配一般需要採用多種調和手段來改善對比效果。（圖 6-2）

圖 6-1　對比色搭配

（2）互補色搭配

在色相環上色相對比距離達 180 度，為極端對比類型。如紅＋綠、青＋橙、黑＋白等，互補色相配能形成鮮明的對比，有時會收到較好的效果。黑白搭配是永遠的經典，效果強烈、眩目、響亮、極有力，但若處理不當，易產生幼稚、原始、粗俗、不安定、不協調等不良感覺。（圖 6-3）

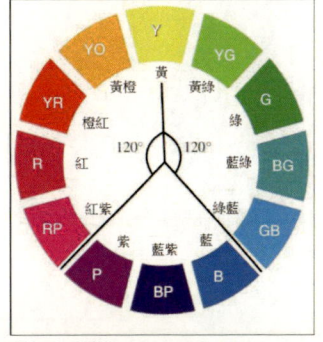

圖 6-2　強烈色

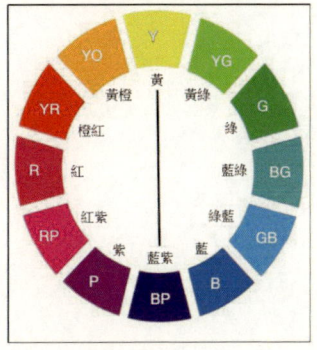

圖 6-3　互補色

157

個人形象全面改造

（3）對比色服飾搭配案例賞析（圖 6-4、圖 6-5）

圖 6-4　強烈色互補服飾搭配案例

圖 6-5　互補色對比服飾搭配案例

一 服飾色彩搭配

2. 近似色搭配

近似色搭配是指兩個比較接近的顏色相配，如圖6-6所示。近似色的搭配相對容易掌控，上下服裝對比不會過於突兀。

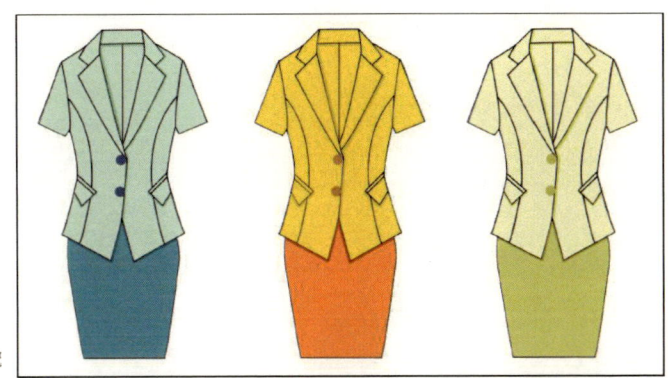

圖6-6 近似色搭配

（1）同類色搭配：同類色（圖6-7）指同一色相中不同的顏色變化。色相環上相鄰的2～3個色的搭配，色相距離大約30度左右或彼此相隔1～2個數位的兩色為同類色，如紅橙與橙、黃橙色對比等，效果感覺柔和、和諧、雅緻、文靜，但也有單調、模糊、乏味、無力的色感。所以，必須調節明度差來加強效果，如黃色與草綠色或橙黃色相配，給人一種春天的感覺，整體非常素雅、靜止，流露出淑女韻味。

（2）鄰近色搭配：色相環上距離約60度左右的色彩配色（圖6-8）。如紅色與黃橙色對比搭配，效果較豐富、活潑，但又不失統一、雅緻、和諧的感覺。

（3）中差色搭配：色相環上色相對比距離約90度左右的色彩配色（圖6-9），為

圖6-7 同類色

圖6-9 中差色

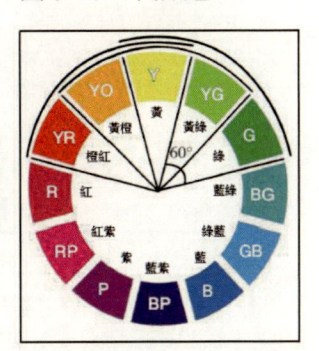

圖6-8 鄰近色

159

個人形象全面改造

圖6-10
近似色服飾搭配案例

圖6-11　中性色搭配

中對比類型。如黃色與綠色對比搭配，效果明快、活潑、飽滿，使人興奮，對比既有力度又不失調和之美。

（4）近似色服飾搭配案例賞析（圖6-10）

3. 中性色搭配

黑、白、灰、大地色都屬於中性色,它們之間的各種搭配,包括不同明暗、深淺、比例的搭配,都會令人產生不同的視覺和心理感受。總體上給人謙和、穩重、保守、經典的印象。(圖 6-11)

中性色服飾搭配案例,如圖 6-12 所示。

圖 6-12 中性色服飾搭配案例

個人形象全面改造

4. 特別色的搭配

特別色是指金色、銀色和螢光色等顏色，通常具有不同的光澤效果。在實際運用過程中，特別色既可以作為點綴色，也可以大面積運用。給人高貴、華麗、奢侈、奪目、閃爍、前衛的色彩感受。（圖6-13）

圖6-13 特別色搭配

特別色服飾搭配案例，如圖6-14所示。

圖6-14 特別服飾搭配案例

162　第六章 服飾搭配規律

（三）服飾色彩搭配規律

法國時裝設計大師克里斯汀·迪奧曾說：「色彩是很絕妙、很誘人的，但它們必須被小心地採用。」掌握著裝色彩搭配三大規律是形象設計師的必修課。

1. 冷暖色搭配規律

冷色＋冷色；暖色＋暖色；冷色＋中間色；暖色＋中間色；中間色＋中間色。

2. 呼應色搭配規律

以所占比例最大的那種顏色為主基調，以最濃、最重或最明豔的顏色為準，呼應色搭配法適用範圍包括：上裝—下裝、內衣—外衣、服裝—包袋、服裝—鞋襪、包袋—鞋襪、服裝—帽傘、服裝—飾品。

3. 圖案色搭配規律

（1）單色＋單色；

（2）單色＋多色；

（3）單色＋圖案。

上裝有圖案時，下裝配素色為佳；

內裝有圖案時，外套則選素色的；

服裝有圖案時，包袋則襯素色的；

服裝是素色時，配飾選有圖案的。

同時也有禁忌的原則，例如：

（1）冷色＋暖色；

（2）亮色＋亮色；

（3）暗色＋暗色；

（4）雜色＋雜色；

（5）圖案＋圖案。

個人形象全面改造

4. 揚長避短的技巧

恰到好處地運用色彩搭配，不但可以修正、掩飾身材的不足，而且能強調突出自身的優點。例如，深色有收縮感，淺色有膨脹感；冷色顯收縮，暖色顯膨脹；明度低有收縮感，明度高有膨脹感；純度低有收縮感，純度高有膨脹感；上深下淺顯輕盈，上淺下深顯穩重。而合理運用色彩的特性，可揚長避短，例如：

（1）梨形身材

身材特徵：肩部窄，腰部粗，臀部大。

彌補方法：胸部以上用淺淡或鮮豔的顏色，使視線忽略下半身。

注意事項：上半身和下半身的用色不宜對比太強烈。

（2）倒三角形身材

身材特徵：肩部寬，腰部細，臀部小。

彌補方法：上半身色彩要簡單，腰部周圍可以用對比色。

注意事項：避免上半身用鮮豔的顏色或對比色。

（3）圓潤型身材

身材特徵：肩部窄，腰部和臀部圓潤。

彌補方法：領口部位要用亮的、鮮豔的顏色，身上的顏色要偏穩重，最好是一種顏色或漸變色搭配。

注意事項：身上的顏色不宜過多或過鮮豔。

（4）窄型身材

身材特徵：整體骨架窄瘦，肩部、腰部、臀部尺寸相似。

彌補方法：適合多使用明亮的或淺淡的顏色，可使用對比色搭配。

注意事項：不宜用深色、暗色。

（5）扁平型身材

身材特徵：胸圍與腰圍相近，臀圍正常或偏大。

彌補方法：用鮮豔明亮的絲巾或胸針裝飾，將視線向上引導。

注意事項：不宜使用深色裝飾腰部。

（四）色彩搭配與個性傳達

　　服裝具有遮羞、禦寒的功能，還是展示個體差異的標誌。作為社會人，總是希望在他人面前展示良好的自我，借助服裝來展示自己的與眾不同，證明自己在社會中的存在。色彩可以幫助穿著者建立自信和自尊，在他人關注到自己的同時，也建立起同他人的某種聯繫。體現個性特徵的心理需求，為服裝色彩的存在與發展提供了更大的空間。

　　服裝的穿著色彩能夠強烈地反映出著裝者的個性特徵，每個人都會根據自己的性格和喜好選擇不同的服裝色彩。性格特別，或活潑、或輕快、或動感、或時尚、或現代；性格內向者，或古典、或自然、或優雅等，不同的色彩搭配不同的性格體現。自然型的色彩搭配以自然色、大地色等弱對比系列為主；浪漫型的色彩搭配較多的是柔和、朦朧、夢幻的粉色系列；古典型的服飾色彩以中度對比，大面積用理性色，或用黑白色搭配；時尚型則適合採用強對比、鮮豔奪目的色彩搭配。（圖6-15）

圖6-15　色彩的性格

　　服裝色彩不是孤立的要素，除了要適應穿著者的性格、風格、出席場合和身分等因素之外，還要與很多其他因素結合在一起，如同一色彩與不同款式或不同面料結合在一起，能產生不同的視覺特徵；在設計或穿著過程中，色彩與穿著者的膚色、性格、體形、氣質應相互聯繫，表現出色彩的個性化特徵，以及用服飾色彩反映社會人的集團特徵、群體形象等。由此可見，隨著社會的發展，人們對色彩世界的感知和需求必將不斷推向更高的層

次。合理運用設計手法和設計規律，提高大眾對服裝色彩的審美體驗，未來的服裝設計或服飾搭配才能充分展示出時尚和個性化的魅力。

二 服飾風格搭配

由於服裝的基本形態、品種、用途、製作方法、原材料的不同，各類服裝亦表現出不同的風格與特點，變化萬千，十分豐富。為適應現代年輕人的個性著裝，滿足他們的著裝喜好需求，在電子商務資訊多元化的時代，受各類高、中、低檔服裝品牌及電商方面銷售宣傳的引導，現代人將著裝風格歸納為大約18種類型：百搭、嬉皮、瑞麗、淑女、韓式、民族、歐美、學院、通勤、中性、嘻哈、田園、龐克、OL、蘿莉塔、街頭、簡約、波西米亞等。這些服裝搭配風格在廣大消費者眼中有著不可忽視的影響力，同樣也是目前服飾搭配師可以借鑑參考的風格分類搭配。

（一）百搭風格

「百搭」是指一件單品可以搭配多種類型的衣服。一般是較為實用的單件服飾與其他款式、顏色的服飾搭配均能產生較好的效果。通常都是比較基本的、經典的樣式或顏色的服飾，如純色系服裝、牛仔褲、當季流行的襯衫、針織外搭、魚尾裙等。（圖6-16）

圖6-16　百搭單品

（二）嬉皮風格

嬉皮（Hippie）本來被用來描寫西方國家六零年代反抗習俗或時政的年輕人。嬉皮用公社式和流浪的生活方式來反映他們對民族主義和越南戰爭的反對，他們提倡非傳統的宗教文化，批評西方國家中層階級的價值觀。從細節上看，這類人所穿著的服裝具有繁複的印花、圓形的口袋、細緻的腰部縫合線、粗糙的毛邊、珠寶配飾等特點，多喜歡個性化穿著的表達方式；從顏色上看，暖色調裡的紅色、黃色和橘色，冷色調裡的綠色和藍色都是熱點；從款式上看，嬉皮為了展示身體曲線的美感，女式緊身服採用輕薄又易於穿著的面料，而男式襯衫、外套廣受異域風情的影響，把夏威夷海灘風情穿進辦公室也不足為怪。（圖6-17）

二 服飾風格搭配

（三）瑞麗風格

《瑞麗》雜誌社將世界潮流熱點與時尚精華融合為東方風格的實用提案，指導普通女性欣賞和享用時尚，對女性的審美取向和生活方式有一定的影響力。旗下《瑞麗可愛先鋒》面向16～18歲的城市高中女生，是少女的時尚入門雜誌；《瑞麗服飾美容》面向18～25歲的大學女生和職場新人，它不僅發布最具影響力的服飾美容潮流資訊，更提供權威性的自我形象塑造提案和指導；《瑞麗伊人風尚》瞄準25～35歲的都市職業女性，介紹潮流時尚，提供美麗祕笈，鼓勵女性擁有事業，追求幸福，完善自我。（圖6-18）

圖6-17 嬉皮風格

圖6-18 瑞麗風格

總體說來，瑞麗的主要風格以甜美優雅深入人心，成為城市女性上街購衣的參考指南。

個人形象全面改造

（四）淑女風格

自然清新、優雅宜人是淑女風格的概括。蕾絲與褶邊是柔美淑女風格的兩大標誌。如圖6-19所示，蝴蝶袖、泡泡袖、抹胸長裙、印花、刺繡、活潑甜蜜的糖果色、可愛的寬檐帽等也是甜美淑女裝的打造元素。

（五）韓式風格

韓裝主要透過特別的明暗對比來彰顯特色。設計師透過面料的質感與對比，加上款式的豐富變化造成視覺衝擊，韓式風格整體上精緻、簡潔、內斂、休閒而溫馨。如圖6-20所示，最典型的韓裝就是採用彩度低明度高的色彩，以純白、淡黃、粉紅、粉青、湖藍、紫色為主打；面料精緻、貼身剪裁、做工精細；側重上身效果，再加上精美的飾品搭配，感覺隨意時尚、自成一派。

隨著流行趨勢的變化，韓式服飾搭配風格也在變化。高腰、中長版型的裙衫裝；吊帶韓版裙配針織鏤空的小坎肩；簡約的大廓型中長大衣搭配緊身打底褲和運動鞋等，深受15~25歲年輕女子的喜愛。

（六）民族風格

具有民族風格的服裝多選用以繡花、藍印花、蠟染、扎染等具有民族工藝特點的布料，一般以棉和麻為主。在色彩和款式上，也具有民族特徵，或者在細節上帶有民族裝飾手法的亮點。目前，以唐裝、旗袍、尼泊爾服飾、印度服飾以及各民族改良服飾為經典代表，搭配

圖6-19 淑女風格

圖6-20 韓式風格

圖6-21 民族風格

簡約的白襯衫、靛藍的牛仔褲、窄袖的寬鬆大衣等既民族又時尚。（圖6-21）

（七）歐美風格

在服飾方面，歐美風格主張大氣、簡潔、隨意。以黑白色調、卡其色調為主的服飾，加以馬甲、圍巾、帽子、珠寶等配飾搭配就可以稱為歐美風格，有一種自在隨性的氣息。另外一種歐美風格是以饒舌音樂為代表，偏重於街頭簡約的潮範兒，具有「酷」、「帥」的重金屬特點和較強的設計感。（圖6-22）

圖6-22 歐美風格

（八）學院風格

代表著年輕的學生氣息、青春活力和可愛時尚的學院風，原本是在學生校服基礎上進行的改良設計。「學院風」衣裝以百褶式及膝裙、小西裝式外套居多，可讓人重溫學生時光。近年流行的英格蘭「學院風」以簡便、高貴為主，以格子圖樣為特點。格紋短裙搭配帆布鞋、休閒靴、雙肩包、黑框鏡、小禮帽，既時尚又俏美，如圖6-23所示。

圖6-23 學院風格

（九）通勤風格

通勤風格是職業＋休閒的風格，是時尚白領的半休閒服裝。（圖6-24）休閒已成為這個時代不可忽視的主題，它不僅是渡假時的裝束，而且也出現在職場和派對上。如平底鞋、寬鬆長褲、針織套衫，因為這些服飾讓穿著者看上去既溫和又自然，而通勤風格的重點就在於幹練、簡潔、清爽、偏休閒的形象。19世紀以前，市民主要步行上班，而如今有汽車、火車、公共汽車、自行車等交通工具，讓住在較遠處的

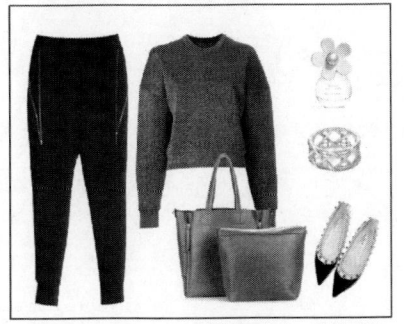

圖6-24 通勤風格

個人形象全面改造

人可以快捷地上班；隨著交通工具的進步，城市可以擴張到以前不可能擴張的地方；市郊的設立亦令市民可以在遠離市區之處定居。時代環境的發展使得從業人員著裝既要職業化又要便於行走，通勤風格服飾正是滿足這樣的需要。

（十）中性風格

中性風格興起於20世紀初的女權運動；60～70年代是中性裝扮的流行高潮；80年代初，留著長長的波浪形髮式，穿花襯衫、緊身喇叭牛仔褲，提著進口錄音機的青年曾被視為社會的不良分子，成為各種漫畫嘲諷的題材；90年代末中性風格成了流行的寵兒，兩性的角色定位在職場中也逐漸減弱，著裝開始相互借鑑。T恤衫、牛仔裝、低腰褲被認為是中性服裝；黑、白、灰是中性色彩；染髮、短髮是中性髮式。隨著社會、政治、經濟、科學的發展，人類開始尋求一種毫無矯飾的個性美，性別不

圖6-25 中性風格

再是設計師考慮的重要因素，介於兩性中間的中性服裝成為街頭一道獨特的風景。中性服裝以其簡約的造型滿足了女性在社會競爭中的自信，以簡約的風格使男性享受時尚的愉悅，如圖6-25所示。傳統衣著規範強調兩性角色的扮演，男性需表現出穩健、莊重、力量的陽剛之美；女性則應該帶有賢淑、溫柔、輕靈的陰柔之美；中性風格則淡化或模糊兩性著裝的界定線。

（十一）嘻哈風格

雖說嘻哈訴求自由，但還是有些較明顯的標誌，如寬鬆的上衣和褲子、帽子、頭巾或胖胖的鞋子。美國是嘻哈文化的發源地，引導嘻哈風格的主流穿法，而低調極簡的日式嘻哈屬於另一種小眾潮流。嘻哈穿著風格一直在轉變，美東紐約一帶穿著搭配更注重精緻感；美西風格爽朗、明快、自由，重視衣服上的塗鴉，甚至當作傳達世界觀的工具，如圖6-26所示。而美國的嘻哈

圖6-26 嘻哈風格

非常生活化，寬鬆簡單，強調個人風格。當前，紐約流行的嘻哈風格服飾寬鬆依舊，但不再過於鬆垮，簡單而乾淨，能呈現質感。

（十二）田園風格

田園風格崇尚自然，反對強光重彩的華美、繁瑣的裝飾和雕琢。

它摒棄了經典的藝術傳統，追求原生態的田園生活和自然清新的氣象，以純淨自然的素質美、明快清新具有鄉土風味為主要特徵，透過自然隨意的款式、樸素的色彩，表現一種輕鬆恬淡的、超凡脫俗的生活境界。可從大自然中汲取設計靈感，常取材自樹木、花草、藍天、大海和沙灘，把心靈時而放在高山雪原，時而放到大漠荒野，雖不一定要染滿自然的色彩，卻要褪盡都市的痕跡，遠離謀生之累，進入清靜之境，表現大自然永恆的魅力。純棉質地、小方格、均勻條紋、碎花圖案、木紋理、棉質花邊等都是田園風格中最常見的元素，如圖 6-27 所示。

圖6-27　田園風格

（十三）龐克風格

早期龐克的典型裝扮是：使用髮膠，穿一條窄身牛仔褲，加上一件不扣鈕釦的白襯衣，再戴上一個耳機連著別在腰間的隨身聽，耳朵裡聽著龐克音樂。進入 1990 年代以後，時裝界出現了後龐克風潮，它的主要標誌是鮮豔、破爛、簡潔、金屬。

龐克風格採用的裝飾圖案，最常見的有骷髏、皇冠、英文字母等；在工藝製作時，常鑲嵌閃亮的水鑽或亮片在其中，展現一種另類的華麗風，如圖 6-28 所示。龐克風格時而華麗，時而花俏，但整體服裝色調十分完整；龐克裝束的色彩通常也很固定，譬如紅黑、全黑、紅白、藍白、黃綠、紅綠、黑白等，最常見的是

圖6-28 龐克風格

個人形象全面改造

紅黑搭配；配飾也很精緻，龐克風格多喜好用大型金屬別針、吊鏈、褲鏈等比較顯眼的金屬製品來裝飾服裝，尤其常見將服裝故意撕碎再重新連結。

（十四）OL 風格

OL 是英文 office lady 的縮寫，中文解釋為「白領女性」或者「辦公室女職員」，通常指上班族女性。OL 風格時裝一般來說是指套裙，很適合辦公室職場女性、時尚白領穿著，如圖 6-29 所示。

圖 6-29 OL 風格

（十五）蘿莉塔風格

西方人說的「蘿莉塔」女孩是指那些穿著超短裙，畫著成熟的妝容但又留著少女瀏海的女生，簡單來說，就是「少女強穿女郎裝」的情形。當「蘿莉塔」流傳到了日本後，日本人就將其當成天真可愛少女的代名詞，統一將 14 歲以下的女孩稱為「蘿莉塔代」，而且態度變成「女郎強穿少女裝」，即成熟女性對青澀女孩的嚮往，如圖 6-30 所示。「蘿莉塔」三大族群：

圖 6-30 蘿莉塔風格

(1) Sweet Love Lolita——以粉紅、粉藍、白色等粉色系列為主，衣料選用大量蕾絲，務求締造出洋娃娃般的可愛和爛漫；

(2) Elegant Gothic Lolita——主色是黑和白，特徵是想表達神祕、恐怖和死亡的感覺，通常配以十字架銀器等裝飾，以及比較濃烈的深色妝容，如黑色的指甲、眼影、唇色，強調神祕色彩；

172　第六章 服飾搭配規律

（3）Classic Lolita——基本上與第一種相似，但以簡約色調為主，著重剪裁以表達清雅的心思，顏色不出挑，如茶色和白色，蕾絲花邊會相應減少，而荷葉褶是最大特色，整體風格比較平實。

（十六）街頭風格

街舞、Hip-Hop、DJ、饒舌、滑板運動等都是街頭文化代表的事物。街頭服飾一般來說是寬鬆得近乎誇張的T恤和褲子、頭巾、寬鬆籃球服和運動鞋，如圖6-31所示。寬鬆隨意、獨特剪裁、色彩絢麗、時尚和運動服的混搭是街頭風格的搭配要領。

圖6-31　街頭風格

（十七）簡約風格

剪裁是服裝設計的第一要素，既要考慮服裝本身的長短比例、搭配節奏和平衡關係，同時又要考慮與人體體形的協調關係，如圖6-32所示。簡約風格的服裝幾乎不要任何裝飾，面料精緻、結構簡約、工藝細緻是簡約風格的特徵表現。他們把一切多餘的東西都從服裝上拿走。如果第二粒鈕扣找不出存在的理由，就只做一粒鈕扣；如果這一粒鈕扣也非必要，那乾脆做無鈕衫；如果面料本身的肌理已經足夠迷人，那就不用印花、提花、刺繡；如果面料圖案著實豐富，那就不輕易打衣裥、打省、鑲滾；如果穿著者的臉讓人的目光久久不能離去，那他們也絕不會以花俏的服飾來分散這種注意。

圖6-32　簡約風格

（十八）波西米亞風格

波西米亞風格的服裝並不是單純指波西米亞當地人的民族服裝，服裝的「外貌」也不侷限

圖6-33　波西米亞風格

173

個人形象全面改造

於波西米亞的民族服裝或吉卜賽風格的服裝。它是一種以捷克共和國各民族服裝為主的，融合了多民族風格的現代多元文化的產物。如，層層疊疊的花邊、無領袒肩的寬鬆上衣、大朵的印花、手工的花邊和細繩結、皮質的流蘇、紛亂的珠串裝飾，還有波浪亂髮；運用撞色達到視覺美，如寶藍與金啡，中灰與粉紅……比例不均衡感；剪裁略帶哥德式的繁複，注重領口和腰部設計。（圖6-33）

人們在選擇服裝的著裝風格時，除了與自身的天生條件（身體線條、臉部的線條、五官的特徵）相符外，還要符合自身的身分、年齡、審美觀、氣質、喜好、信仰、著裝的場合、季節流行趨勢等多種外在因素，需要在教與學中結合實際情況，反覆訓練才能逐漸提高服裝搭配的能力。

三 服裝面料搭配

不同的面料和質感給人不同的印象和美感，從而產生風格各異的服裝，欲將材質潛在的性能和自身的風格發揮到最佳狀態，需要把面料風格與服裝的表達融為一體，選用最能表現服裝風格的面料尤為重要。

（一）華麗古典風格的服裝與面料選擇

華麗古典風格是以高雅含蓄、高度和諧為主要特徵，不受流行左右的一種服飾風格，具有很強的懷舊、復古傾向。用傳統規範的審美標準來衡量和強調完美無瑕的設計語言，風格嚴謹，格調高雅。透過剪裁、結構、材質、色彩、裝飾、工藝等各種近乎完美的設計和製作，顯示出宮廷王室和貴族主導的衣著風格和審美意志。服裝中比較具有代表性的就是男式和女式禮服。

此類風格的服裝在面料的選擇上常採用如塔夫綢、天鵝絨、絲緞、綢緞、喬其紗、蕾絲等具有華麗古典風格的材質。高貴的品質感是選材的重點，製作中再配合精緻的手工，如刺繡、鑲嵌等，營造格調高雅的古典風格。（圖6-34）

三 服裝面料搭配

圖6-34
華麗古典風格
的服裝與面料
選擇

（二）柔美浪漫風格與面料的服裝選擇

　　柔美浪漫風格源於 19 世紀的歐洲，是近年服裝流行趨勢的主流，展示了甜美、柔和、富於夢幻的純情浪漫女性形象，是純粹表現女性柔美或少女天真可愛，或大膽、性感、女人味的風格。反映在服裝上則是柔和圓順的線條，變化豐富的淺色調，輕柔飄逸的薄型面料，循環較小的印花圖案，使服裝能隨著人的活動而顯示出輕快飄逸之感。

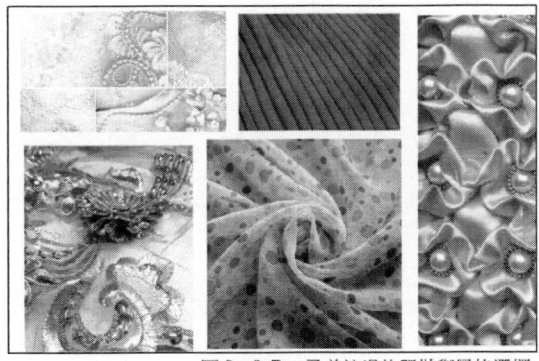

圖6-35　柔美浪漫的服裝與風格選擇

趨於自然柔和的形象，講究裝飾意趣，使人們在都市的喧囂中，感受到一種充滿夢幻的空間。

　　在面料的選擇上常採用柔軟、平滑、適合垂掛的織物，如喬其紗、雪紡、柔性薄織物、天鵝絨、絲絨、羽毛、蕾絲、經過特殊處理的天然質地織物、仿天然肌理織物等；配合彩繡、珠繡、印花、編織、木耳邊等細節處理。粉色的浪漫係數在色彩中是首屈一指的，加上飄逸的雪紡和柔美的淺色調，將初長成小女人的形象表現得可愛又不失純美。採用近膚色與煙灰色的雪紡長裙，運用層疊的荷葉邊設計襯托出飄逸靈動之美。（圖 6-35）

175

個人形象全面改造

（三）田園風格的服裝與面料選擇

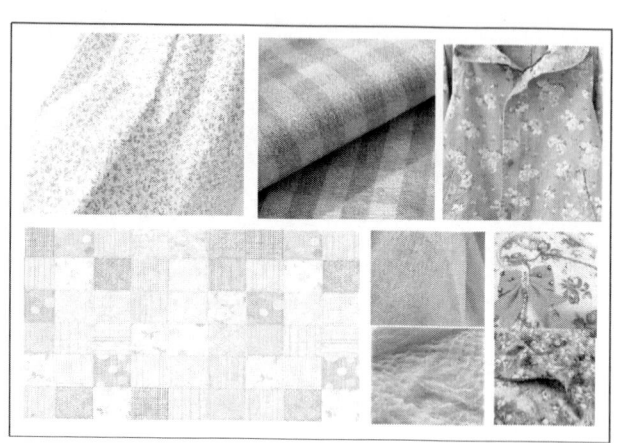

田園風格追求的是一種原始美、純樸美和自然美。田園風格的服裝以明快清新、具有鄉土風情為主要特徵，多層次的穿著形式，自然隨意、寬大疏鬆的款式，天然的材質和大自然豐富的色彩，表現出一種輕鬆恬淡、超凡脫俗的氣息。猶如置身於田園，悠然恬靜的心理感受，為飽受現代都市繁雜喧鬧而倍感疲憊的人們帶來賞心悅目的生活樂趣。

圖6-36　田園風格的服飾與面料選擇

在面料的選擇上常以棉、麻、絲等純天然纖維面料為主，採用帶有小方格、均勻條紋和各種美麗花朵圖案的純棉面料、蕾絲花邊、蝴蝶結圖案、針織面料等元素，再加上各種植物寬條編織的飾品、對比的肌理效果、粗獷的線條，風格鮮明，配上荷葉邊、泡泡袖，這些少女味十足又充滿質樸鄉村風情的元素，既清新可人又隨性自然。（圖6-36）

（四）軍服風格的服裝與面料選擇

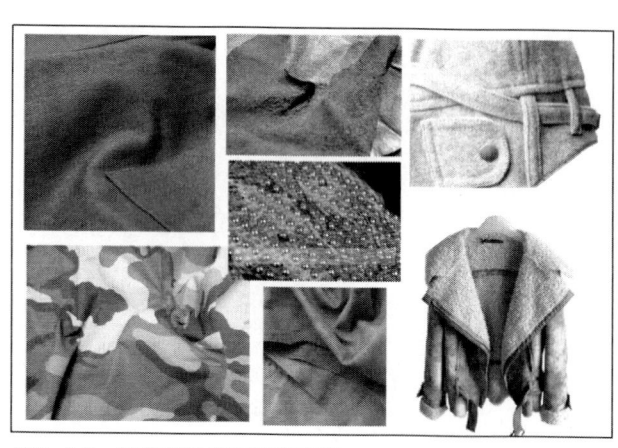

早在15世紀就出現了帶有軍旅元素的時裝，軍服風格發展到今天，已經成為流行趨勢中不可分割的一部分，不同時代的服裝設計師都會從軍服中汲取靈感。軍服風格的服裝剪裁一般比較簡潔，版型硬朗，帶有明顯的軍裝細節，如肩章、數字編號、迷彩印花、腰帶、背帶及製作精緻的雙排鈕扣裝

圖6-37　軍服風格的服裝與面料選擇

176　第六章 服飾搭配規律

飾等。講究實用，注重功能性，盡顯幹練瀟灑的陽剛之美。今天的軍服風格不同以往的綠色軍營，趨向多元化，不只是以硬朗的剪裁為元素，而是運用柔和的色彩和腰線的挪移，並結合刺繡、格子以及中性化細節來設計。

軍服風格的服裝在面料上多採用質地硬而挺的織物，如水洗的牛仔布、水洗棉、卡其、燈芯絨、薄呢面料、皮革等，以軍綠、土黃色、咖啡色、迷彩為常用顏色，並配合金屬扣裝飾物、多拉鏈、雙排扣、多口袋及粗腰帶等。（圖 6-37）

（五）前衛風格的服裝與面料選擇

前衛風格源於 20 世紀初期，以否定傳統、標新立異、創作前所未有的藝術形式為主要特徵。如果說古典風格是脫俗求雅的，那麼前衛風格則是有異於世俗而追求新奇的，它表現出一種對傳統觀念的叛逆和創新精神，是對經典美學標準做突破性探索，以尋求新方向的設計。前衛的服飾風格多用誇張手法和離經叛道的搭配，不拘一格。它超出尋常的審美標準，任性不羈。造型特徵以怪異為主線，從宏觀的天體運行到人類城市群落的羅列，再到社會科技資訊的交流，以及微觀動植物的命脈律動……人類豐富的想像力可以將這些神祕現象形象化，創造出超出現實的抽象造型，突出表現詼諧、神祕或者懸念、恐怖的效果。

在面料的選擇上，以尋求不完美的美感為主導思想，將毛皮與金屬、皮革與薄紗、鏤空與實紋、透明與重疊、閃光與啞光各種材質混合在一起。在色彩方面，可以用撞色或單一無色彩系等搭配新奇誇張圖案來凸顯個性。（圖 6-38）

圖 6-38　前衛風格的服裝與面料選擇

四 服裝款式搭配

服裝款式不計其數,從整體來講,款式最顯著的特徵體現在服裝的外輪廓上。而以服裝款式搭配形式來說,有長與短的變化、寬與窄的區別、方與圓的不同。

(一) 長與短

長與短似乎是人們討論或評論衣服時提及最多的話題。比如,女性購買上衣時偏向於較長的蓋臀或蓋半膝款式,是因為較長的上衣能夠在視覺上拉長穿著者的上身,使其上身顯得更加苗條等。再舉例來說,及腳踝的長裙與30公分的短裙,兩個裙子在長度上存在著不同,而這長短不僅僅是在服裝長度的變化上,反映在人體上,長裙的穿著與短裙有著不一樣的個性效果。同一人穿著短裙會給人以性感,長裙則給人以保守。服裝在長與短方面的搭配上有三個方案。

1. 上長下短

上長下短是前幾年最流行的款式搭配法則。以人體的黃金比例為準,上衣下擺就位於全身的黃金比例上下浮動。(圖6-39)

這種款式搭配的優點在於:

(1) 能夠修飾臀部過大的缺點,適合梨形身材的人。但應該注意兩點,一是不適合臀部後翹過度而且胯部過於寬大者,否則整個上身就是俗稱的水桶形;第二個是臀部上面切忌無序的自然褶皺。

圖6-39 上長下短

(2) 能夠在視覺上形成錯覺,產生苗條高挑感。因為習慣上在觀察人的時候,會不自覺地把覺線集中在人的上半身,大多數人會依次以頭、上身、下身、腳的順序,從上到下地進行觀察。其中上身的觀察占觀察總數的50%至80%,這就說明可以穿著上長下短來修飾先天不足的身高,如果再配上高跟的鞋子,則更能發揮掩飾的威力。

2. 上短下長

上短下長是近幾年流行的款式，有復古的特色。這種款式搭配的優點在於：

（1）突出下身的修長，具有拉長腿的效果。

特別是對身材上長下短的人來說這樣的搭配能夠造成一定的修正作用。

（2）短小的上裝能夠突出胸部。平胸的女性可以嘗試選擇短小的上裝，具有突出胸部的作用，且上裝長度最好不要超過肚臍部位。（圖6-40）

圖6-40　上短下長

3. 上下一般長

這是大眾最為保守的一種長短搭配方式，這種搭配過於均衡，毫無亮點。但近幾年流行的非主流中卻有不少這樣的款式搭配出現，這與人們審美觀的轉變有很大的關係，不少年輕一族中或多或少地也認同了這種搭配。（圖6-41）

圖6-41　上下一般長

（二）寬與窄

男士在挑選西服時經常注意到的一點是墊肩。因為正確的墊肩能夠修正男士的肩部線條，從而塑造出上寬下窄倒梯形的男子漢身材；而女性在挑選服裝時要塑造出前凸後翹、腰細胯寬的迷人身材。這說明了服裝寬窄搭配的學問。

1. 上寬下窄

這是男士應該具有的身材標準。通常可以選擇加墊肩或加寬胸部，穿著較挺實的面料做成的上裝；而女性加寬部位不同於男性，如泡泡袖、馬蹄袖能讓肩部變寬，

個人形象全面改造

上寬下窄，讓穿著者的身材看起來有點「壯」的效果。（圖6-42）

2. 上窄下寬

這種形式的服裝首先排除了梨形身材的人穿著。而Y形身材女生（即上寬下窄的體型）穿著的話會造成很好的修飾效果，特別是中短裙裝樣式。H型身材的女性也適合穿著此類服裝。（圖6-43）

3. 上下一般寬

這種搭配很需要技巧性，可以從面料、顏色、配飾等方面進行對比調和搭配。（圖6-44）從風格上來講，崇尚寬大的嘻哈服飾或寬大的T恤；再比如說寬大的襯衫，襯衣面料偏薄極容易下垂。如過胸部扁平的女性則不宜選擇，可以在外部覆蓋較平整的面料或表面多毛的面料，同樣也可以使用視覺轉移法把全身設計亮點轉移到其他地方，比如、臉、手、腳部等部位，還可以加大圍巾的裝飾作用，整個或者大部分的蓋住胸部線條進行掩飾。

（三）方與圓

這裡所描述的方與圓指的是給人感覺上的方與圓，它包括很多內容，如各種線條上的直與曲。一般來說，一件衣服上的直線與曲線是相結合而產生的。在觀察一件衣服是男士還是

圖6-42　上寬下窄

圖6-43　上窄下寬

圖6-44　上下一般寬

女士衣服的時候，除了從裝飾風格上判別，還有款式上，區別最明顯是圓圓的胸凸與臀凸，這一點在選購西服上衣和褲子的時候就十分明顯。（圖6-45）

在款式設計上已經有了一套約定俗成的規律：男士多直線，女士多以曲線構成，男人是力量、肌肉、勇敢與沉穩的，可比鋼鐵、巨石、陽光等，給人的感覺都是方直、刺眼的；而女性給人的感覺是柔情、嫵媚、嬌美、

圖6-45 方與圓

溫柔等，可讓人聯想到微風中的楊柳、流動的水流等，這些給人的感覺是緩緩的、溫暖的曲線之美。這就是男女體態特徵上的差異。

近年來盛行中性打扮，很多女性服裝會適當地添加男性服飾的元素，比如：女性大衣上採用代表陽剛和軍隊的皮帶環，而在男性服裝上也可以看到一些蜿蜒繡花圖案之類的裝飾，或是粉嫩的色彩著裝。

（四）揚長避短

服裝款式搭配常以長與短、寬與窄、方與圓的搭配原則為參考，但是，每個人都是獨一無二的個體，有著自身的特點，既有長得美的部分也會有長得不太滿意的部分，因此，在服裝款式細節或局部的搭配上應酌情處理，掌握揚長避短的要領。

1. 長臉：穿的衣服不要有與臉型相近的領子，更不宜用V形領口和開得低的領子，適宜穿圓領口的衣服，也可穿高領口、馬球衫或帶有帽子的上衣；可戴寬大的耳環但不宜戴長的、下垂的耳環。

2. 方臉：不宜穿方形領口的衣服和戴寬大的耳環；適合穿V形或勺形領的衣服，可戴耳墜或者小耳環。

3. 圓臉：不宜穿圓領口的衣服，也不宜穿高領口的馬球衫或帶有帽子的衣服，不適合戴大而圓的耳環；最好穿V形領或者翻領衣服，戴耳墜或者小耳環。

4. 粗頸：不宜穿關門領式或有窄小的領口和領型的衣服，也不適合把短粗的項鏈或圍巾緊圍在脖子上；適合用寬敞的開門式領型，當然也不要太寬或太窄，適合戴長珠子項鏈。

個人形象全面改造

5. 短頸：不宜穿高領衣服和戴緊圍在脖子上的項鏈；適宜穿敞領、翻領或者低領口的衣服。

6. 長頸：不宜穿低領口的衣服和戴長串珠子的項鏈；適宜穿高領口的衣服，繫緊圍在脖子上的圍巾，戴寬大的耳環。

7. 窄肩：不宜穿無肩縫的毛衣、大衣和窄而深的 V 形領；適合穿開長縫或方形領口的衣服，以及寬鬆的泡泡袖衣服，適宜加墊肩類的飾物。

8. 寬肩：不宜穿開長縫的或寬方領口的衣服和用太大的墊肩類的飾物，不宜穿泡泡袖衣服；適宜穿無肩縫的毛衣或大衣和深的或者窄的 V 形領。

9. 粗臂：不宜穿無袖衣服，穿短袖衣服也要在手臂一半處為宜，適宜穿長袖衣服。

10. 短臂：不宜用太寬的袖口邊，袖長為通常袖長的 3/4 為好。

11. 長臂：衣袖不宜又瘦又長，袖口邊也不宜太短；適合穿短而寬的盒子式袖子的衣服，或者寬袖口的長袖。

12. 小胸：不宜穿領口過低的衣服；適合穿開細長縫領口的衣服，或者水準條紋的衣服。

13. 大胸：不宜用高領口或者在胸圍打碎褶的款式，且不宜穿有水準條紋圖案的衣服或短夾克；適合穿敞領和低領口的衣服。

14. 長腰：不宜系窄腰帶，系與下半身服裝同顏色的腰帶為好，且不宜穿腰部下垂的服裝；適合穿高腰的、有褶飾的罩衫或者帶有裙腰的裙子。

15. 短腰：不宜穿高腰式的服裝和系寬腰帶；適合穿使腰部、臀部有下垂趨勢的服裝，系與上衣顏色相同的窄腰帶。

16. 寬臀：不宜在臀部補綴口袋和穿著打大褶或碎褶的、鼓脹的裙子，且不宜穿袋狀寬鬆的褲子；適合穿柔軟合身、線條苗條的裙子或褲子，裙子最好有長排鈕扣或中央接縫。

17. 窄臀：不宜穿太瘦長的裙子或過緊的褲子；適合穿寬鬆袋狀的褲子或寬鬆打褶的裙子。

18. 大屁股：不宜穿緊身長褲或緊瘦的上衣；適合穿柔軟合身的裙子和上衣或穿著長而寬鬆、有懸垂感的褲子。

五 服裝配飾搭配

配飾與服裝是一對時尚姐妹花，有了配飾的點綴和映襯，服裝才能更具魅力。雖然配飾的風格、色彩、材質一定要與服裝的風格、色彩、材質相呼應。但再進行整體形象設計時，還要考慮到個人的色彩季型和風格特點、出席場合、身分地位和年齡等因素，而個人色彩因素尤為重要。

（一）春季類型

1. 帽飾

春季型人的帽子用色，可從服飾的色彩上去考慮，可以與服飾形成強烈的對比，也可以形成統一，還可以是類似色調的調和。由於過於深重的顏色與春季型人白色的肌膚、飄逸的黃髮不協調，會使春季型人十分黯淡，所以春季型人忌用黑色、過深或過重的顏色。

2. 眼鏡

鏡框，要儘量選擇與眉毛相近的顏色，且與頭髮的顏色和明度相協調。通常，膚色較淺的人最好選擇顏色較淡的鏡框，膚色較深者，則選擇顏色較重的鏡框，比如，春季型人膚色較白者可以選擇柔和的粉色系或金色系的鏡框，稍暗的膚色則可以選擇紅色系或藍色系的鏡框。鏡片的顏色則要與眼睛和皮膚的顏色相協調。

3. 染髮

當服飾和化妝的色彩比較鮮豔呈暖色時，作為人體色特徵之一的頭髮顏色也要與之相呼應，從而使人體色與服飾色達到最完美的和諧與統一。為了讓整體的美感保持協調，春季型人就要把髮色調至暖色系，才能平衡整體的色彩。

春季型人適合染棕、銅、金色等暖色調顏色的頭髮。

4. 首飾

春季型人適合佩戴清澈、鮮豔且色澤明亮乾淨的各類寶石，如暖色系的翡翠、水晶以及色澤清澈的紅、黃、藍寶石等。

春季型人適合佩戴有光澤感、明亮的黃金飾品，色澤溫潤，微黃的珍珠飾品也是其不錯的選擇。

個人形象全面改造

春季型人佩戴白金或銀質飾品會顯得生硬廉價。

（二）秋季類型

1. 帽飾

秋季型人的帽子要選擇秋季濃郁、華麗、渾厚的色彩，通常是跟衣服同色相或同色調的顏色，也可以是類似的色相、色調。

2. 染髮

頭髮靠臉部最近，與臉色共同構成了人的頭部顏色特徵，所以它的顏色非常重要。由於髮色本身是構成人體色特徵的重要部分，一般與人的膚色是天然吻合的。因此，在日常染髮時最好用接近自己原來天然髮色的顏色，不要染與自己膚色不協調的髮色，否則給人的感覺會很怪異。

秋季型人適合染棕黃色、深棕色、咖啡棕等暖色調顏色的頭髮。

3. 眼鏡

秋季型人膚色較白者可以選擇稍微淺淡一點的金色或綠玉色的鏡框，稍暗的膚色則可以選擇棕色系或鐵鏽紅、梟色等顏色。

鏡框色：棕色、金色、鐵鏽紅、梟色等。

鏡片色：棕色、橙紅色系、橄欖綠等。

4. 首飾

秋季型人首飾的顏色以濃重的金色調及大自然的色調為主，比如，泥金、啞金、琥珀、瑪瑙、銅色、貝殼、木質的首飾等，色澤溫和、微黃的珍珠飾品也是極佳的選擇。

秋季型人適合佩戴黃金飾品、木質飾品，但一定要慎用鉑金及銀質飾品。鉑金及銀質飾品屬冷色系，與秋季型人膚色屬性相衝突，如果佩戴，不僅不能造成美化作用，反而破壞了整體的美感。

（三）夏季類型

1. 帽飾

　　夏季型人帽子用色也要根據服飾來搭配，選擇夏季色彩群中淺淡的色彩，通常是跟衣服同色相或同色調的色彩，也可以是類似色相或類似色調的色彩。

　　夏季型人帽子顏色，主要從兩方面來選擇，類似色的搭配和統一色的搭配，如淡藍色、藍紫色、藍灰色都屬於類似色，它們之間的搭配產生漸變效果；紫羅蘭色、薰衣草紫則屬統一色，可採用支配配色方案進行搭配。

2. 染髮

　　當服飾和化妝的色彩呈現輕柔、淡雅的感覺，作為人體色特徵之一的頭髮色彩也要與之相呼應，從而達到整體色彩的平衡。所以，為了讓整體的美感保持協調，夏季型人就要把髮色調至冷色系。

　　夏季型人適合染灰褐色、灰黑色、酒紅色的頭髮。

3. 眼鏡

　　夏季型人膚色較白者可以選擇柔和的粉色系或銀色的鏡框，稍暗的膚色則可以選擇紅色系或藍色系的鏡框。鏡片的顏色則要與眼睛和皮膚的顏色相協調。

　　鏡框色：銀色、灰色、藍灰色、紫色等。

　　鏡片色：淡粉色，藍紫色、藍色、紫色等。

4. 首飾

　　夏季型人可佩戴冷白系的乳白色珍珠、水晶、玻璃質感的飾品，以及色澤清澈的紫寶石、藍寶石都能充分體現夏季型人清新典雅的氣質。

　　夏季型人適合佩戴白金飾品和銀飾，珍貴的白鑽飾品是其極佳的選擇。

　　夏季型人不適合佩戴黃金飾品，因為黃金與其皮膚色相排斥，會顯得十分庸俗。

(四) 冬季類型

1. 帽飾

　　帽子顏色最好根據服裝來搭配，冬季型人的帽子同樣要選擇鮮豔、純正、飽和的色彩。通常是跟衣服同色相或同色調的顏色，也可以是類似的色相、色調，但對比效果是其最佳選擇。

　　在選擇冬季型人的帽子顏色時，可以從服飾的顏色上去考慮，可以與服飾形成強烈的對比，也可以形成統一，還可以給別人一種類似色調的搭配，如橘紅與正綠形成一組強烈而鮮明的對比，具有極強的視覺衝擊力，時尚、跳躍，十分引人注目；紫羅蘭色與深紫色形成統一感，給人溫柔神祕的印象；而玫瑰紅與藍紅色形成一組類似、相近的感覺，時尚又不失端莊。

2. 染髮

　　頭髮靠臉部最近，與臉色共同構成了人的頭部顏色特徵，所以它的顏色非常重要。由於髮色本身是構成人體色特徵的重要部分，一般它與人的膚色是天然吻合的。因此，在日常染髮時最好用接近自己原來天然髮色的顏色，不要染與自己膚色不協調的髮色，否則給人的感覺會很怪異。

　　冬季型人適合染黑棕色、黑色、深酒紅等冷色調顏色的頭髮。

3. 眼鏡

　　冬季型人膚色較白者可以選擇柔和的銀白色系的鏡框，稍暗的膚色則可以選擇黑色系或炭灰色的顏色。鏡框的顏色應與頭髮的顏色和明度相協調。鏡片的顏色則要與眼睛、皮膚的顏色相協調。

　　鏡框色：黑色、銀色、炭灰色等。

　　鏡片色：粉色、灰色、藍色、紫色等。

4. 首飾

　　冬季型人適合佩戴明亮、鮮豔且色澤純正、乾淨的各類寶石，其中又以冷色系的純白珍珠或黑色珍珠，以及色澤清澈的紅寶石、藍寶石最能體現出其冷豔氣質。

（四）冬季類型

冬季型人若想要佩戴金屬飾品，最好以亮銀、鉑金為主，還可以選擇鑽石，但不適合黃金飾品。

思考與練習

1. 以橙、紅、黃、藍、綠、紫、白為主色進行服裝色彩搭配，要求每種顏色搭配方案中必須包括對比色搭配、近似色搭配、中性色搭配、特別色搭配。

2. 從8種服飾風格中任選5種風格，每種各完成1～4套服裝搭配方案。

3. 以不同的單品，如背心、棒球衫、褶裙、大衣、襯衣等為主打款式，每個款式至少完成3種不同的搭配方案。

4. 為自己搭配一套商務正式場合穿著的服裝和一套運動休閒場合著裝，注意揚長避短的技巧與體現，搭配方案應具時尚感。

個人形象全面改造

第七章 職場禮儀與個人形象

導讀

　　瞭解職業場合的基本禮儀規範以及待人接物法則，進行儀容、儀表、儀態和言談禮儀的訓練，增加職業人的自信和勇氣，贏得別人的尊重。塑造彬彬有禮、溫文爾雅的個人形象，做一個成功職業人。

　　章節重點：以課堂師生互動模式、示範與模擬相結合的方式訓練，並現場糾錯，寓教於樂，生動活潑。

　　其他補充：穿著職業套裝。

　　禮儀是是一種人際交往中約定俗成的以尊重、友好示人的做法。對個人來說，禮儀是一個人的思想道德水準、文化修養、交際能力的外在表現；對社會來說，禮儀是一個國家社會文明程度、道德風尚和生活習慣的反映。無論身分高低，人們依然可以根據一個人的舉止是否展示出禮儀，來判斷他的修養、教養、涵養，以及是否值得把他當作潛在合作對象。不論你有多少財富，也不論你有多少成就，教育程度有多高，資歷有多深，你的儀容、儀表、言談、舉止都會一筆一畫地勾勒出你的形象，有聲有色地描述你的過去和未來。

　　儀態之美是一種綜合美、完善美，是身體各部分器官相互協調的整體表現，同時，也包括了一個人內在素質與儀表特點的和諧美。儀表，是人的外表，一般包括人的容貌、服飾和姿態等方面。儀容，主要是指人的容貌，是儀表的重要組成部分。儀表儀容是一個人的精神面貌、內在素質的外在體現，而一個人的儀表儀容往往與其生活情調、思想修養、道德品質和文明程度密切相關。

一 儀容規範

　　儀容通常是指人的外觀、外貌。儀容美的含義，首先要求自然美，或者說是天生麗質。儘管以貌取人不合情理，但先天美好的儀容相貌，無疑會令人賞心悅目，感覺愉快；其次，是要求內在美。它是指透過努力學習，不斷提高個人的文化、藝術素養和思想道德水準，培養出高雅的氣質與美好的心靈，使自己秀外慧中，表裡如一。儀容美的基本規則是美觀、整潔、衛生、得體。

個人形象全面改造

儀容美的基本要素是貌美、髮美、肌膚美。美好的儀容能讓人感到五官有和諧的美感；髮質髮型使其英俊瀟灑、容光煥發；肌膚健美使其充滿生命的活力，給人以健康自然、鮮明和諧、富有個性的深刻印象。

（一）貌美——臉部的妝飾

容貌是人的儀容之首，在職業場合裡，合適的淡妝不僅是自身儀表美的需要，也是尊重他人的一種表現形式，同時，也滿足職業交往中審美享受的需要。

1. 面部要求

（1）男性應該每天修面剃鬚，不留小鬍子或大鬢角，要整潔大方。

（2）女性應該面色如瓷，適當塗抹胭脂，使面頰泛有微微的紅暈，產生健康、豔麗、楚楚動人的效果。

2. 眼部要求

眼睛是心靈的窗口，只有與臉型和五官比例勻稱、協調一致時才能產生美感。因此，在工作時間、工作場合以自然的淡妝眼影為宜，不能畫誇張的眼線、黏濃密的假睫毛。

3. 嘴唇要求

嘴唇是人五官中敏感且顯眼的部位，是人身上最富有表情的器官。在職業場合中，嘴唇的化妝主要是塗唇膏（口紅），口紅以中等偏淡紅色系列為主，禁止用深褐色、銀色等異色。

4. 微笑要求

自然而美麗的微笑，不僅為日常生活及其社交活動增光添彩，而且在職業生涯中也有著無限的潛在價值。

職場中富有內涵的、善意的、真誠的、自信的微笑是有技巧的，需要反覆訓練。微笑訓練的方法有很多，本章將介紹用筷子訓練微笑的方法，按以下六步對照鏡子進行反覆訓練。

第一步：對照鏡子用上下兩顆門牙輕輕咬住筷子，嘴角要高於筷子；

第二步：繼續咬著筷子，嘴角最大限度地上揚。也可以用雙手手指按住嘴角向上推，上揚到最大限度；

第三步：保持上一步的狀態，拿下筷子。這時的嘴角就是你微笑的基本臉型，能夠看到上排 8 顆牙齒即可；

第四步：再次輕輕咬住筷子，發出「YI」的聲音，同時嘴角向上向下反覆運動，持續 30 秒；

第五步：拿掉筷子，察看自己微笑時的基本表情。雙手托住兩頰從下向上推，並要發出聲音，反覆數次；

第六步：放下雙手，同上一個步驟一樣數「1，2，3，4，5」，重複 30 秒結束。

在職場中，微笑是有效溝通的法寶，是人際關係的磁石。沒有親和力的微笑，無疑是重大的遺憾，甚至會給工作帶來不便。可以透過訓練有意識地改變自己，做到微笑的「四要」與「四不要」。

四要：

一要口、眼、鼻、眉肌結合，做到真笑。發自內心的微笑會自然調動人的五官，使眼睛略瞇、眉毛上揚、鼻翼張開、臉肌收攏、嘴角上翹。

二要神情結合，顯出氣質。笑的時候要精神飽滿、神采奕奕、親切甜美。

三要聲情並茂，相輔相成。只有聲情並茂，你的熱情、誠意才能為人理解，並造成錦上添花的效果。

四要與儀表舉止的美和諧一致，從外表上形成完美統一的效果。

四不要：

一不要缺乏誠意、強裝笑臉；

二不要露出笑容隨即收起；

三不要僅為情緒左右而笑；

四不要把微笑只留給上級、朋友等少數人。

另外，注意口腔衛生，消除口臭，口齒潔淨，養成餐後漱口的習慣。

個人形象全面改造

（二）髮美——頭髮的妝飾

1. 頭髮要整潔

作為職業女性，烏黑亮麗的秀髮、整潔而端莊的式樣，能給人留下美的感覺，並反映出良好的精神風貌和健康狀況。為了確保頭髮的整潔，要常清洗、修剪和梳理，以保持頭髮整潔，沒有頭皮屑，沒有異味。

2. 髮型要大方

髮型大方是個人禮儀中，對髮式美的最基本要求。選擇髮型式樣要考慮身分、工作性質和周圍環境，尤其要考慮自身的條件，以求與體形、臉型相配，職場中頭髮不要遮住眼睛和臉，且禁止染成彩色。

（三）肌膚美——整體的妝飾

1. 儀容要乾淨

要勤洗澡、勤洗臉，脖頸、手都應乾乾淨淨，並經常注意去除眼角、口角及鼻孔的分泌物，要換衣服，消除身體異味。

2. 儀容應當整潔

整潔，即整齊潔淨、清爽，宜使用清新淡雅的香水。

3. 儀容應當衛生

注意口腔衛生，早晚刷牙，飯後漱口，不隨意在人面前嚼口香糖；指甲要常剪，頭髮按時理，不得蓬頭垢面，體味熏人，以方便近距離交談。

4. 儀容應當簡約

儀容既要修飾，又忌諱標新立異、「一鳴驚人」，職業著裝簡練、大方得體最好。

5. 儀容應當端莊

儀容莊重大方，斯文雅氣，不僅會給人以美感，而且還容易使自己贏得他人的信任。

二 儀表規範

儀表綜合了人的外表，它包括人的形體、容貌、健康狀況、姿態、舉止、服飾、風度等方面，是人舉止風度的外在體現。在日常工作與生活中，人們的儀表非常重要，它反映了一個人的精神狀態和禮儀素養，是人們交往中的「第一形象」。天生麗質、風儀秀整的人畢竟是少數，然而，我們可以依靠化妝修飾、髮式造型、著裝配飾等手段，彌補和掩蓋在容貌、形體等方面的不足，並在視覺上把自身較美的方面展露、襯托和強調出來，使個人形象得以美化。

（一）服飾要求：規範、整潔、統一

1. 男士：上班時間穿著襯衫，襯衣前後擺塞進褲腰內，扣子要扣好，尤其是長袖口的扣子要扣好，切記不能挽袖子、褲腿。特別注意的是應穿著淺色襯衣，以白色為主，襯衣內應穿著低領內衣，內衣不能露出；不得穿黑色或異彩襯衣。冬季應著深色西服，不得穿休閒服。女士：上班時間規定穿著職業套裝，淺色、簡約、大方，並且要與本人的個性、體態特徵、職位、企業文化、辦公環境等相符；衣服、飾品、化妝等搭配和諧。

2. 有制服的員工要愛護制服，保持制服乾淨、整潔、筆挺，上班前應檢查是否出現破縫、破邊、破洞現象。且要牢記清潔第一，經常換洗制服，不得有異味、汙漬，尤其是領子和袖口的清潔。

3. 服裝口袋不要放太多太重的物件，否則會令服飾變形。

4. 男士西裝上衣口袋不能插筆，亦不能把鑰匙掛在腰間皮帶上，以免有礙美觀。

5. 男士必須著黑皮鞋，要經常擦拭皮鞋，使其保持清潔、光亮。

6. 男士應選深色襪子（黑色、深灰色、深藍色），不得穿白色襪子。女員工應選肉色長筒絲襪，不能穿黑色及有花紋、圖案的襪子，襪子不能太短以致襪口露出裙外。

7. 上班時間一律不能佩戴變色眼鏡、墨鏡。

8. 非工作時間不得穿著公司制服，不得佩戴有公司標誌的物品出現在公共場所。

個人形象全面改造

（二）應遵循的原則

1. 適體性原則

儀表修飾必須與個體自身的性別、年齡、容貌、膚色、身材、體形、個性、氣質及職業身分等相宜。

工作環境著裝要與年齡、形體相協調。如超短裙、白長襪在少女身上顯得天真活潑，職業交往中切記不能穿著；偏瘦和偏胖的人不宜穿著過於緊身的衣服，以免欠美之處凸現。

要與職業身分相協調。有一定身分地位的人，服飾不能太隨性。如行政、教育、衛生、金融、電信以及服務等行業人士的服飾要求穩重、端莊、清爽，給人以可信賴感；公關人員的服飾不宜性感，否則會帶來麻煩，甚至造成傷害；政治家、公眾人物的服飾往往成為媒體關注的話題，更不得掉以輕心。

2. 遵循國際 TPO 原則

儀表修飾因時間、地點、場合的不同而相應變化。儀表需與時間、環境氛圍、特定場合相協調。

T（Time）表示時間，即穿著要應時。不僅要考慮到時令變換、早晚溫差，而且要注意時代要求，儘量避免穿著與季節格格不入的服裝。

P（Place）表示場合，即穿著要應地。上班要穿著符合職業要求的服飾，重要社交場合應穿莊重的正裝。衣冠不整、低胸露背者委實不宜進入法庭、博物館之類的莊嚴場所。

O（Object）表示著裝者和著裝目的，即穿著要應己。要根據自己的工作性質、社交活動的具體要求，以及自身形象特點來選擇服裝。

3. 整體性原則要求儀表修飾先著眼於人的整體，再考慮各個局部的修飾，促成修飾與人自身的諸多因素之間協調一致，使之渾然一體，營造出整體風采。

4. 適度性原則要求儀表修飾無論是修飾程度，還是在飾品數量和修飾技巧上，都應把握分寸，自然適度，追求雖刻意雕琢而不露痕跡的效果。

三 儀態風範

儀態，是人的姿勢、舉止和動作，是人的行為規範。不同國家、民族，以及不同的社會歷史背景，對不同階層和不同特殊群體的儀態都有不同標準或不同要求。在 21 世紀的現代人職場交往中應做到男女平等、舉止大方、不卑不亢、優雅自然。

（一）站姿

站姿的總體要求是自然、優美、輕鬆、挺拔。

女士標準站姿：站立時，身體要端正、挺拔，重心放在兩腳中間，挺胸、收腹，兩肩要平、放鬆，兩眼自然平視，嘴微閉，面帶笑容；雙腳應呈「V」字形，雙膝與腳後跟均應靠緊；與客人談話時應上前一步，雙手交叉放在體前。

男士標準站姿：雙腳可以呈小「V」字形，也可以雙腳打開與肩同寬，但應注意不能寬於肩膀；重心放在兩腳中間，挺胸、收腹，兩肩要平，放鬆，兩眼自然平視，嘴微閉，面帶笑容。站立時間過長感到疲勞時，可一隻腳向後稍移一步，呈休息狀態，但上身仍應保持正直；站立時不得東倒西歪、歪脖、斜肩、弓背、張開並彎曲雙腿等，雙手不得交叉，也不得抱在胸口或插入口袋，不得靠牆或斜倚在其他支撐物上。

圖 7-1　標準站姿

圖 7-2　錯誤站姿

用左手拿公文包或文件夾時，右手自然垂下，挺胸收腹，面帶微笑；肩膀要平、自然放鬆，不得東倒西歪。（圖 7-1、圖 7-2）

個人形象全面改造

（二）坐姿

坐，也是一種靜態造型。端莊優美的坐，給人以文雅、穩重、自然大方的美感。正確的禮儀坐姿要求「坐如鐘」，指人的坐姿像座鐘般端直，當然這裡的端直指上體的端直。（圖7-3、圖7-4）

優美坐姿要領：

1. 入座時要輕、穩、緩。走到座位前，轉身後輕穩地坐下。如果椅子位置不合適，需要挪動，應當先把椅子移至欲就座處，然後入座。坐在椅子上移動位置，是有違禮儀規範的。

2. 神態從容自如，嘴唇微閉，下顎微收，面容平和自然。

3. 雙肩平正放鬆，兩臂自然彎曲放在腿上，亦可放在椅子或是沙發扶手上，以自然得體為宜，掌心向下。

4. 坐在椅子上，要立腰、挺胸，上體自然挺直。

5. 雙膝自然併攏，雙腿正放或側放，雙腳併攏或交疊或成小「V」字型。男士兩膝間可分開一拳左右的距離，腳態可取小八字步或稍分開，以顯自然灑脫之美，但不可盡情打開腿腳，那樣會顯得粗俗傲慢。如長時間端坐，可雙腿交叉重疊，但要注意將上面的腿收回，腳尖向下。

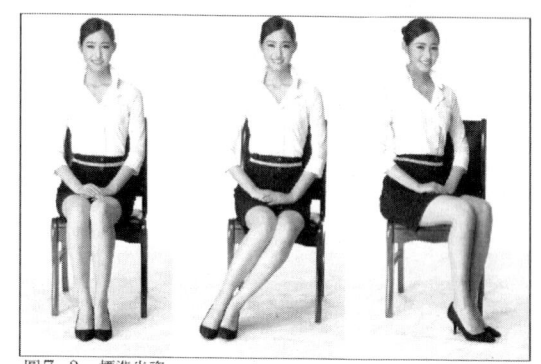

圖7-3　標準坐姿

圖7-4　錯誤坐姿

6. 坐在椅子上，應至少坐滿椅子的2/3，寬座沙發則至少坐1/2。落座後，至少10分鐘不要靠椅背，時間久了，可輕靠椅背。

7. 談話時應根據交談者方位，將上體雙膝側轉向交談者，上身仍保持挺直，不要出現自卑、恭維、討好的姿態。講究禮儀要尊重別人，但不能失去自尊。

8. 離座時要自然穩當，右腳向後收半步，而後站起。

9. 女子入座時，若是裙裝，應用手將裙子稍稍攏一下，不要坐下後再拉拽衣裙，那樣不優雅。正式場合一般從椅子的左邊入座，離座時也要從椅子左邊離開，這是一種禮貌。女士入座尤其要嫻雅、文靜、柔美，兩腿併攏，雙腳同時向左或向右放，兩手疊放於左右腿上。

如長時間端坐可將兩腿交叉重疊，但要注意將上面的腿收回，腳尖向下，以給人高貴、大方之感。

10. 男士、女士需要側坐時，應當將上身與腿同時轉向一側，但頭部保持向著前方。

11. 作為女士，坐姿的選擇還要根據椅子的高低以及有無扶手和靠背，兩手、兩腿、兩腳還可有多種擺法，但兩腿叉開，或呈四字形的疊腿方式是很不合適的。

12. 在餐廳就餐時，最得體的入座方式是從左側入座。當椅子被拉開後，身體在幾乎碰到桌子的距離站直，領位者會把椅子推進來，腿彎碰到後面的椅子時，就可以坐下來了。就座後，坐姿應端正，上身可以輕靠椅背。不要用手托腮或將雙臂肘放在桌上，不要隨意擺弄餐具和餐巾，更要避免一些不合禮儀的舉止體態，如隨意脫下上衣，摘掉領帶，捲起衣袖；說話時比比劃劃，頻頻離席，或挪動座椅；頭枕椅背打哈欠，伸懶腰，揉眼睛，搔頭髮等；用餐時，上臂和背部要靠到椅背，腹部和桌子保持約一個拳頭的距離，而兩腳交叉的坐姿最好避免。

（三）走姿

走姿的體要求是自然大方、充滿活力、神采奕奕。

行走時身體重心可稍向前傾，昂首、挺胸、收腹，上體要正直，雙目平視，嘴微閉，面露笑容，肩部放鬆，兩臂自然下垂擺動，前後幅度約 45 度，步度要適中，一般標準是一腳踩出落地後，腳跟離後腳腳尖距離約一腳長。行走前進路線，女士走一字線，雙腳跟走成一條直線，步子較小，行如和風；男士行走腳跟走成兩條直線邁穩健大步。（圖 7-5）

行走時一般靠右行，不可走在路中間。行走中如遇到客人，應自然注視對方，點頭示意並主動讓路，不可搶道而行。如有急事需超越，應先向客人致歉再加快步

個人形象全面改造

伐超越，動作不可過猛；在路面較窄的地方遇到客人時，應將身體正面轉向客人；在來賓面前引導時，應儘量走在賓客的側前方。

行走時不能走「內八字」或「外八字」，不應搖頭晃腦、左顧右盼、手插口袋、吹口哨、慌張奔跑或與他人勾肩搭背。

（四）蹲姿

要拾取低處物品時不能只彎上身、翹臀部，應採取正確的下蹲和屈膝動作。（圖7-6）

圖7-5　標準走姿

1. 正確的蹲姿要領

（1）下蹲拾物時，應自然、得體、大方，不遮遮掩掩；

（2）下蹲時，兩腿合力支撐身體，避免滑倒；

（3）下蹲時，應使頭、胸、膝關節在一個角度上，使蹲姿優美；

（4）女士無論採用哪種蹲姿，都要將腿靠緊，臀部向下。

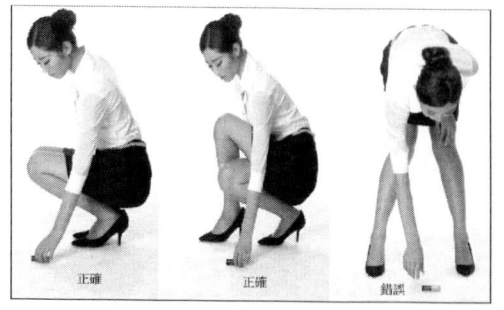

圖7-6　蹲姿

2. 注意事項

（1）彎腰撿拾物品時，兩腿叉開，臀部向後撅起，是不雅觀的姿態。兩腿展開平衡下蹲，姿態也不優雅。

（2）下蹲時注意內衣不可以露，不可以透。

保持正確的蹲姿需要注意三個要點：迅速、美觀、大方。若用右手撿東西，可以先走到東西的左邊，右腳向後退半步後再蹲下來。脊背保持挺直，臀部一定要蹲

三 儀態風範

下來，避免彎腰翹臀的姿勢。男士兩腿間可留有適當的縫隙，女士則要兩腿並攏，穿旗袍或短裙時需更加留意，以免尷尬。

（五）手勢

在商務禮儀待人接物中，要求優雅、含蓄、彬彬有禮。

1. 在職場接待、引路、向客人介紹資訊時要使用正確的手勢，五指併攏伸直，掌心不可凹陷（女士可稍稍壓低食指），掌心向上，以肘關節為軸，眼望目標指引方向，同時應注意客人是否明確所指引的目標。切勿只用食指指點，應採用掌式。（圖7-7）

2. 合十禮又稱合掌禮，流行於南亞和東南亞信仰佛教的國家。其行禮方法是：兩個手掌在胸前對合，掌尖和鼻尖基本相對，手掌向外傾斜，頭略低，面帶微笑，如圖7-8中a圖所示。

3. 拱手禮，又叫做揖禮，在中國至少已有2000多年的歷史，是中國傳統的禮節之一，常在人們相見時採用。即兩手握拳，右手抱左手。行禮時，不分尊卑，拱手齊眉，上下加重搖動幾下，重禮可作揖後鞠躬。目前，它主要用於佳節團拜活動、元旦春節等節日的相互祝賀，有時也用在開訂貨會、產品鑑定會等業務會議時，向廠長經理拱手致意，如圖7-8中b圖所示。

圖7-7　接待手勢

4. 鞠躬，意思是彎身行禮，是表示對他人敬重的一種禮節。「三鞠躬」稱為最敬禮。在中國，鞠躬常用於下級對上級、學生對老師、晚輩對長輩，亦常用於服務人員向賓客致意，演員向觀眾的掌聲致謝，如圖7-8中c圖所示。

5. 舉手致意手勢，也叫揮手致意，用來向他人表示問候、致

圖7-8　正確的手勢

199

個人形象全面改造

敬、感謝。掌心向外，面向對方，指尖朝向上方，張開手掌，輕輕揮動，如圖 7-8 中 d 圖所示。

6. 握手禮儀規範

握手是一種溝通思想、交流感情、增進友誼的重要方式，如圖 7-9 所示。

A. 握手時要溫柔地注視對方的眼睛。

B. 脊背要挺直，不要彎腰低頭，要大方熱情，不卑不亢。

C. 長輩或職位高者要先向職位低者伸手。

D. 女士要先向男士伸手。

E. 作為男士，不能緊握著女士的手不放。

F. 不要用濕濕的手去握對方的手。

G. 握手的力道要適中，輕描淡寫或緊緊抓住不放都是不禮貌的。

圖 7-9　規範握手禮儀

7. 遞物與接物

遞物與接物是生活中常用的一種舉止。禮儀的基本要求就是要尊重他人，因此，遞物時須用雙手，表示對

圖 7-10　遞交名片禮儀

對方的尊重。例如，雙方經介紹相識後，常要互相交換名片。遞交名片時，應用雙手恭敬遞上，且名片的正面應對著對方。在接受他人名片時也應恭敬地用雙手捧接，接過名片後要仔細看一遍或有意識地讀一下名片的內容，如圖 7-10 所示。不可接過名片後看都不看就塞入口袋，或到處亂扔。

四 言談禮儀

在工作中，中文是職業語言，標準的中文要求：一是發音標準；二是語速合適；三是口氣謙和；四是內容簡明；五是少用方言；六是慎用外語。

電話是各個單位同外界進行聯絡與溝通的基本工具之一，撥打或接聽電話時主要是透過言談傳遞基本資訊，其中禮貌通話的技巧是打造良好形象的重要因素。

（一）撥打電話

1. 慎選時間。打電話時，如非重要事情，儘量避開受話人休息、用餐的時間，而且最好別在節假日打擾對方。

2. 要掌握通話時間。打電話前，最好先整理好要講的內容，以便節約通話時間，通常一次通話不應長於 3 分鐘。

3. 要態度友好。通話時不要大喊大叫，震耳欲聾。

4. 要規範用語。通話之初，應先做自我介紹，不要讓對方「猜一猜」。請受話人找人或代轉，應說「勞駕」或「麻煩您」。

（二）接聽電話

1. 及時接聽。一般來說，在辦公室裡，電話鈴響三聲之前就應接聽，響六聲後應道歉：「對不起，讓您久等了。」

2. 認真確認。對方打來電話，一般會自己主動介紹。如果沒有介紹或者你沒有聽清楚，應該主動詢問：「請問您是哪位？我能為您做什麼？您找哪位？」

3. 少用擴音。接聽電話時，應注意和話筒保持四公分左右的距離，要把耳朵貼近話筒，仔細傾聽對方的講話。最後，應讓對方先結束電話，然後輕輕把話筒放好。不可「啪……」的一下扔回原處，極不禮貌。

4. 調整心態。親切、溫情的聲音會使對方感受到良好的印象，如果繃著臉，聲音也會變得冷冰冰。打電話、接電話的時候更不能叼香菸、嚼口香糖，聲音不宜過大或過小，吐詞清晰，保證對方能聽明白。

5. 左手接聽。便於隨時記錄有用資訊。

（三）代接電話

代別人接電話時要特別注意講話順序，要先禮貌地自我介紹，才能詢問對方是何人，所為何事，但不要探問對方和所找人的關係。

1. 尊重別人隱私。代接電話時，忌遠遠地叫喊對方要找的人，不要旁聽別人通話，更不要插嘴，也不要隨意散播對方托你轉達的事情。

2. 記憶準確要點。如果對方要找的人不在，應先詢問對方是否需要代為轉告。如對方有此意願，應照辦，最好用筆記下對方求轉達的具體內容，如對方姓名、單位、電話、通話要點等，以免事後忘記，對方講完後應再與其確認一遍，避免遺漏。

3. 即時傳達內容。代接電話時，要先弄清對方要找誰，如果對方不願回答自己是誰，也不要勉強。如果對方要找的人不在，要如實相告，再詢問對方「還有什麼事情？」這二者次序不能顛倒。之後，要在第一時間把對方要傳達的內容傳達到位，無論什麼原因，都不能把自己代人轉達的內容托人轉告。

（四）使用手機

1. 在一切公共場合，手機在沒有使用時，都要放在合乎禮儀的常規位置。放手機的常規位置有：一是隨身攜帶的公文包裡；二是上衣的內袋裡。不要放在桌子上，特別是不要對著對面正在聊天的客戶。

2. 在會議中或和別人洽談的時候，最好的方式還是把它關掉，或調到震動狀態。

3. 公共場合特別是樓梯、電梯、路口、人行道、劇場裡、圖書館和醫院等地方，不可以旁若無人地使用手機，應該把自己的聲音盡可能地壓低，絕不能大聲說話。

（五）禮貌用語

1. 您好！這裡是×××公司×××部（室），請問您找誰？

2. 我就是×××，請問您是哪一位？……請講。

3. 請問您有什麼事？（有什麼能幫您？）

4. 您放心，我會盡力辦好這件事。

5. 不用謝，這是我們應該做的。

6. ×××先生／小姐不在，我可以替您轉告嗎？（請您稍後再來電話好嗎？）

7. 對不起，這類業務請您向×××部（室）諮詢，他們的號碼是……。（×××先生/小姐不是這個電話號碼，他（她）的電話號碼是……）

8. 您打錯號碼了，我是×××公司×××部（室），……沒關係。

9. 再見！

10. 您好！請問您是×××單位嗎？

11. 我是×××公司×××部（室）×××，請問怎樣稱呼您？

12. 請幫我找×××同志。

13. 對不起，我打錯電話了。

14. 對不起，這個問題……，請留下您的聯繫電話，我們會儘快給您答覆好嗎？

（六）交談禮儀

在與人交談時，神情要專注，不能雙手交叉，身體左右前後晃動，或是摸東摸西給人不耐煩的感覺。注視對方的時間最好是談話時間的2/3。通常注視部位也有講究，若注視額頭上，屬於公務型注視，適用於不太重要的事情和時間不太長的情況下；注視眼睛上，屬於關注型；注視唇部，屬於社交型。不能斜視和俯視。

在職場交往中還會涉及餐桌禮儀、電梯禮儀和乘車禮儀等諸多場合禮儀規範。細節將決定成敗，職業人需要瞭解相關的東西方文化差異、地方民俗習慣、「主客優先」等禮儀文化才不失禮。塑造並維護職業形象是每一個職業人都應努力擔當的責任。

每一個人的形象，都真實地體現著他的教養和品位；

每一個人的形象，都客觀反映了他的精神風貌與生活態度；

每一個人的形象，都如實地展示了他對交往對象所重視的程度；

每一個人的形象，都是其所在單位的整體形象的有機組成部分；

每一個人的形象，在國際交往中，還往往代表著所屬國家、所屬民族的形象。

把握個人的品位、禮貌、理解、耐性，擁有一個年輕的心態，接受新鮮的事物、變化的時尚、社會的風雨，不斷跟上時代的腳步，展現個人的良好品味和個人風格，做個有人格魅力的現代時尚人。

個人形象全面改造

思考與練習

1. 能力訓練

項目一：微笑訓練

項目二：站姿訓練

項目三：走姿訓練

項目四：坐姿訓練

項目五：蹲姿訓練

項目六：手勢禮儀訓練

項目七：鞠躬禮

項目八：綜合訓練

2. 禮儀規範模擬訓練，包括：電話禮儀、待人接物禮儀等。

3. 禮儀拓展訓練，包括：乘車禮儀、電梯禮儀、用餐禮儀等。

第八章 專題設計實例

導讀

　　綜合前七章所學內容，為身邊的人定製一套完整的服飾形象方案；培養學生靈活運用知識的能力以及動手操練能力；並逐步擴展形象設計對象，應對不同的個體需求，準確定位，完美策劃。

　　章節重點：以學生參與實踐的教學模式為主，以教師指導為輔。

　　其他補充：準備職業裝、宴會裝、休閒渡假裝等至少三套完整的服飾。

一 專業診斷與定位流程

（一）色彩診斷流程

1. 診斷前期的準備

　　（1）填寫顧客登記表主要目的是為了對顧客的性格、愛好、整體等特徵進行瞭解和分析。

　　（2）診斷的基本要求對外在環境的要求：一般應在自然光線下，如果條件受限制，可在白熾燈下鑑定，要求燈光光源距離人一公尺以上；室內牆壁以白色為適宜；避免室內溫度過高或過低，以免影響被鑑定者的膚色。

　　對鑑定者的基本要求：應先卸妝，在心態平靜的自然狀態下參與；應摘下有色隱形眼鏡；不宜佩戴首飾；排除染髮、紋眉、紋唇線、紋眼線等干擾情況。

2. 診斷過程

　　（1）用一塊純白色的布料圍繞在胸前、面部以下，分析膚色、瞳孔色、髮色以及唇色；

　　（2）將色相相同、冷暖不同的兩塊色布放在白布之上，觀察面部的細微差別，判斷出膚色冷暖；

　　（3）根據膚色的冷暖選擇春、秋或夏、冬色卡布再次分析；

　　（4）透過色相、明度、彩度的不同選擇最合適的季節色彩。

3. 提供色彩搭配方案

（1）根據診斷的主色，找出相應的次選色、搭配色；

（2）根據選定的專屬色彩群，打造適合的妝容，根據 TPO 原則設計不同的妝容造型方案；

（3）拍照留存。

（二）風格診斷流程（圖 8-1）

1. 診斷前期的準備

（1）顧客身穿緊身衣或內衣；

（2）室內測試；

（3）與顧客交談，瞭解其穿衣喜好。

2. 診斷過程

（1）觀察並測試顧客身體的線條，包括臉型和體形；

（2）觀察分析顧客的身材和五官長相的優缺點；

（3）選定顧客的線條曲直；

（4）選定顧客量感的大小；

（5）確定顧客的主要風格。

3. 提供服裝風格搭配

（1）列出客戶的基本衣櫥的規劃；

（2）提供幾套不同場合的現場整體搭配方案；

（3）拍照留存。

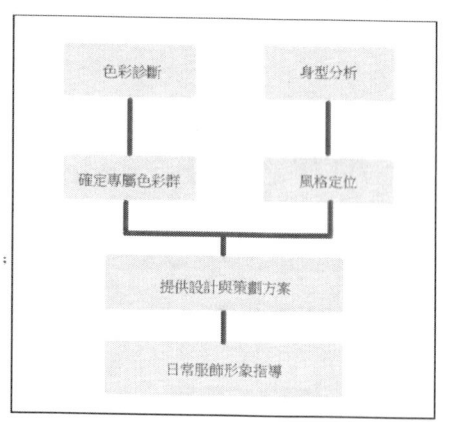

圖 8-1　風格診斷流程

二 案例分析與示範

例一：

顧客：何 MM

描述：臉部線條清晰，五官誇張而立體，身材骨感高大，給人感覺醒目、大氣、有存在感，如圖 8-2 所示。

色彩診斷：淨冬型

風格診斷：誇張戲劇型

身體線條：直線型

適合的妝容：強化五官，強調立體感，用色濃重誇張。

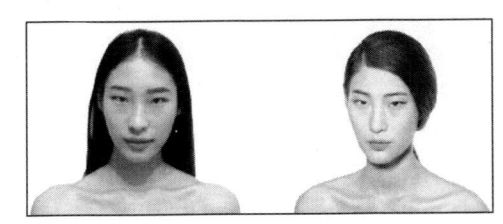

圖 8-2　妝前與妝後

適合的髮型：適合長直髮或長捲髮，超高的髮型。

著裝要點：著裝可強化領部、腰部的造型，適合尺寸略放大的廓形服裝；適合彈力的、懸垂的、硬挺的面料；適合誇張華麗的大圖案和顏色對比反差大的幾何圖案、建築圖案、花卉等；適合高跟鞋，且鞋底要厚重；適合有光澤度的、寬大的飾品。（圖 8-3）

圖 8-3　工作場合著裝示範

例二：

顧客：湯 MM

描述：臉部線條清晰、五官精緻；骨骼偏小、身材骨感；性格活潑、觀念超前。給人時尚、個性、古靈精怪的感覺，有朝氣，有活力。（圖 8-4）

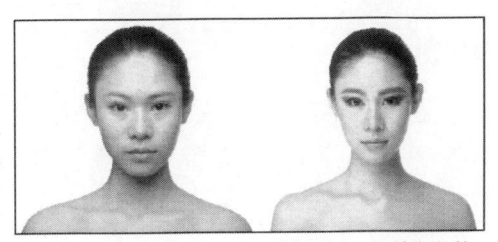

圖 8-4　妝前與妝後

色彩診斷：冷夏型風格診斷：個性前衛身體線條：直線柔和型適合的妝容：化妝重點應放在眼部，選擇個性化的顏色。

207

個人形象全面改造

適合的髮型：注重時尚感和造型感，拒絕平凡。

如時尚的流行燙髮或自然微曲、大波浪曲捲、簡單束髮。

著裝要點：牛仔褲、超短上衣、短裙褲、皮服、靴褲；立領、單肩袖、斜裁、混搭、多拉鏈、多口袋、緊身、露背、鉚釘、不對稱設計。

適合的面料：對面料的駕馭能力強，如有光澤度的化纖、皮質、圖層等，主要體現短小精悍、俐落灑脫的特點，在細節上突出差異化。（圖 8-5）

圖 8-5　休閒場合著裝示範

例三：

顧客：劉 MM

描述：臉部輪廓圓潤，五官曲線感強，身材豐滿，女人味十足，眼神嫵媚迷人，性感誇張而大氣，給人浪漫華麗而多情的感覺，如圖 8-6 所示。

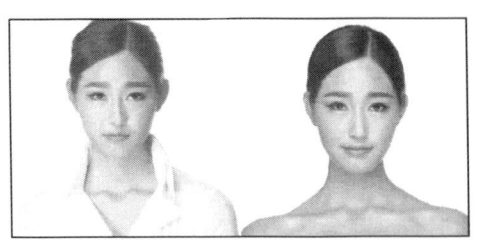

圖 8-6　妝前與妝後

色彩診斷：柔春型

風格診斷：性感浪漫型

身體線條：柔和曲線型

適合的妝容：用色不要濃豔，可強調眼影、睫毛和唇彩。

適合的髮型：適合大波浪，有體積感、空間感、彈力感的髮型。

著裝要點：大擺裙、魚尾裙、花苞裙、吊帶衫、闊腿褲、皮草、華麗誇張的晚禮服；多層的、花邊、花瓣、飄帶、碎褶、蕾絲、刺繡、亮片、珍珠等裝飾。（圖 8-7）

圖 8-7　宴會場合著裝示範

208　第八章 專題設計實例

三 服飾形象策劃檔案及管理

例四：

顧客：梁 MM

描述：臉部線條柔美圓潤、五官精緻，身材富有曲線感，性格溫柔內斂，優雅、輕盈、精緻、華麗、有女人味，如圖 8-8 所示。

色彩診斷：暖秋型

風格診斷：溫婉優雅型

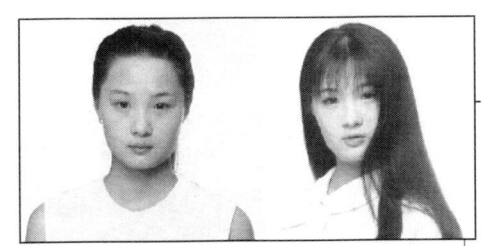

圖 8-8 妝前與妝後

身體線條：曲線型

適合妝容：妝面精緻，口紅以橘紅色、深紅色為主，唇部要有光澤感，眉毛要淡化眉峰，強調睫毛弱化眼線，眼影使用大地色系，淡妝為宜。

適合髮型：頭髮可披可盤，拒絕粗糙、笨重、中性化，捲髮時線條要柔和。

著裝要點：適合做工精良，剪裁合體的衣服，領口、衣襟、袖口、口袋等細節上可用花邊、褶皺等裝飾；服裝可選擇飄逸的造型、開衫、精緻的西裝；適合晶瑩剔透的茶水晶或金色飾品，中跟或高跟的鞋子，鞋面裝飾纖巧。

圖 8-9 約會場合著裝示範

三 服飾形象策劃檔案及管理

綜合前七章所學習的內容，依據科學的管理體系，建立顧客檔案，為後期的服飾形象設計做好資料管理和跟進服務。

定製個人服飾形象設計檔案，主要包括五個部分的內容。

個人形象全面改造

第一部分：顧客登記表

表 8-1　顧客登記表

基本情況	姓　名		性　別		出生年月	
	住家電話				行動電話	
	工作單位				電子信箱	
	是否為會員	是□		否□	會員號碼	

色彩季型	季型	色調	搭配方案
診斷時間＿＿＿＿ 診斷時間＿＿＿＿			

款式風格	主款	副款	搭配方案
診斷時間＿＿＿＿ 診斷時間＿＿＿＿			

建　議	

陪同購物	詳　細　紀　錄				
	1	2		3	4

沙龍會	

是否同意拍攝對比照片	是□	否□
備　註		

第二部分：色彩診斷報告

（1）女性色彩診斷自測表和統計表（表8-2、表8-3）

表8-2　女性色彩診斷自測表

請回答下列問題		A	B	C	D
1	您眼睛的整體感覺	像玻璃珠一樣發光	很溫柔	很深、很清澈	眼白與瞳孔對比清晰
2	您頭髮的整體感覺	亮茶色、深茶色、纖細，並有絹質感	黑而柔軟	深茶色	黑色而有光澤
3	您經常使用的腮紅顏色	珊瑚粉色	玫粉色	黃橙色	玫瑰色
4	您經常使用的口紅顏色	橙色系的粉色	玫瑰粉色	棕色系的紅色	酒紅色
5	您所穿白色衣服的顏色	有點發黃的象牙白	柔和的白色	帶點駝色的白色	純白色
6	您認為適合的套裝配色	高明度的亮色組合	柔和色的組合	彩度高的濃色組合	對比鮮明的配色
7	您的套裝多什麼顏色	明亮柔和的顏色	柔和的煙灰色	時尚而穩重的顏色	活潑的顏色
8	您所喜歡的面料顏色	淺綠色	藍灰色	磚紅色	深藍色
9	您所喜歡的圖案顏色	亮綠松石藍	紫色	金黃色	玫瑰色
10	您喜歡哪件T恤的顏色	黃色	天藍色	咖啡色	刺眼的粉色
11	您現在所用提包的顏色	駝色	淺灰色	咖啡色	黑色
12	您所喜歡的珍珠顏色	珊瑚色	紫色	金黃色	白色

表8-3　統計表

問題	A	B	C	D
1				
2				
3				
4				
5				
6				
7				
8				
9				
10				
11				
12				
合計				
結果				

以上答案只供色彩顧問參考，判斷季型主要在於色布測試。

注：色彩顧問存檔

(2) 個人色彩季型診斷表（表8-4）

表8-4　個人色彩季型診斷表

姓名_____　　診斷日期_____　　診斷顧問_____

一、人體色特徵

皮　膚

皮膚的明度類別				
高明度 □	中高明度 □	中明度 □	中低明度 □	低明度 □
膚色的表象				
象牙白 □	淺象牙白 □	小麥色 □	冷白色 □	
乳白色 □	米白色 □	黃褐色 □	駝色 □	

紅　暈

紅暈的現象		
有紅暈 □	中度紅暈 □	無紅暈 □
紅暈的顏色		
珊瑚粉 □	水粉色 □	桃粉色 □ 　玫瑰粉 □

眼　睛

眼睛顏色			
淺棕色 □	棕黃色 □	棕色 □	深棕色 □
焦茶色 □	玫瑰棕色 □	黑色 □	灰黑色 □
眼白顏色			
湖藍色 □	淺湖藍色 □	乳白色 □　冷白色 □　柔白色 □	
眼神狀態			
輕盈 □　靈動 □　柔和 □　穩重 □　對比 □　明亮 □　深沉 □			
眼睛純度的類別			
高純度 □	中高純度 □	中純度 □　中低純度 □　低純度 □	

毛　髮

淺棕 □	深棕色 □	棕色 □	黑色 □
茶色 □	灰黑色 □	棕黃色 □	

注：色彩顧問存檔

三 服飾形象策劃檔案及管理

（3）季型常用色彩群分析圖（圖 8-10）

圖 8-10　季型常用色彩分析

（4）季型適用色調範圍圖（圖 8-11）

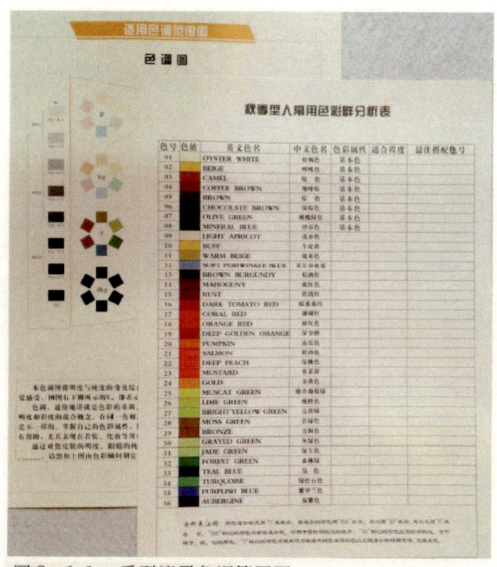

圖 8-11　季型適用色調範圍圖

(5) 季型診斷鑑定表

第三部分：風格診斷報告

(1) 個人風格診斷表

(2) 款式風格診斷表

第四部分：妝容診斷報告

(1) 妝面特徵分析圖（圖 8-12）

(2) 妝面定型報告書

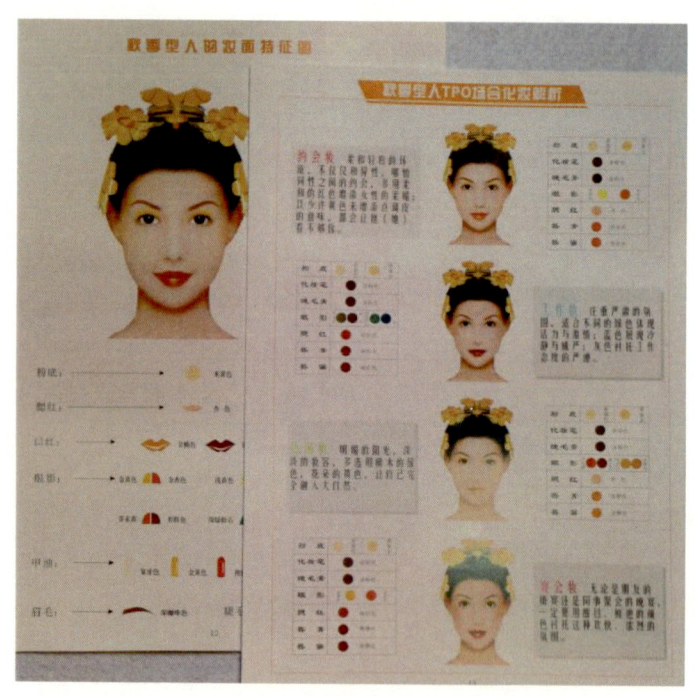

圖 8-12　妝面特徵分析圖

三 服飾形象策劃檔案及管理

第五部分：定製個人服飾形象設計方案

（1）服裝搭配指導方案（圖 8-13）

圖8-13　服裝搭配指導方案

（2）配飾搭配指導方案（圖 8-14）

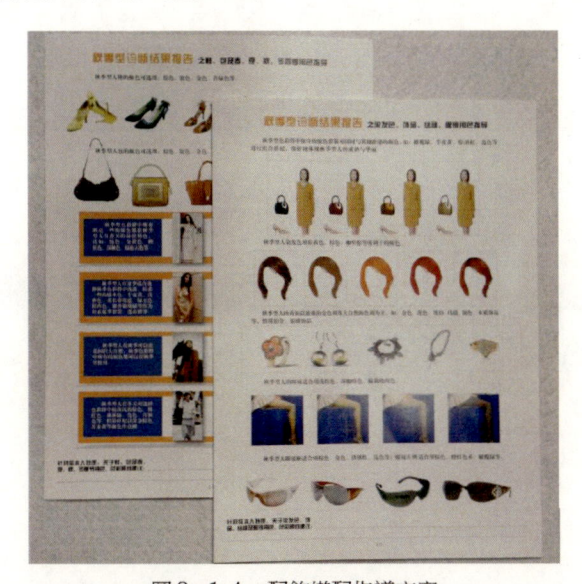

圖8-14　配飾搭配指導方案

215

個人形象全面改造

(3) TPO 場合妝容方案

依次可參考以下表格內容建立檔案，也可根據實際情況修改或自行設計表格；服飾形象設計指導方案亦根據每年的流行趨勢做相應的變化，以下表格僅供參考。（表 8-5～表 8-6）

表 8-5　個人色彩季型診斷表

二、色布比較(1)

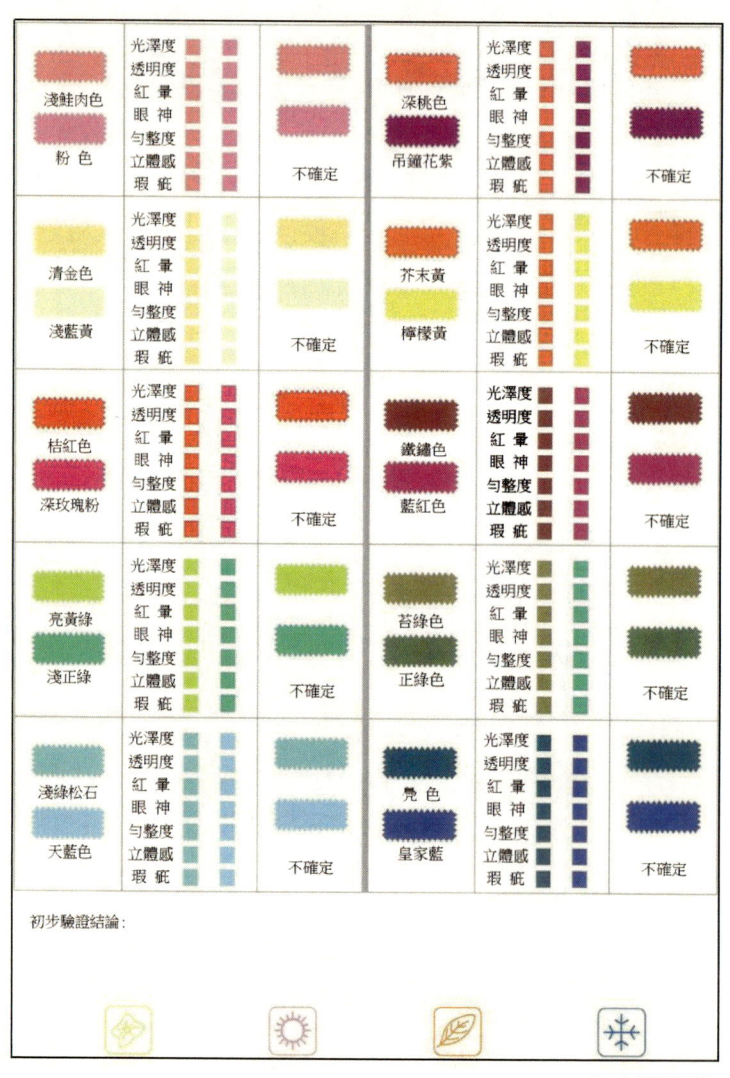

初步驗證結論：

注：色彩顧問存檔

216　第八章 專題設計實例

三 服飾形象策劃檔案及管理

色布比較(2)

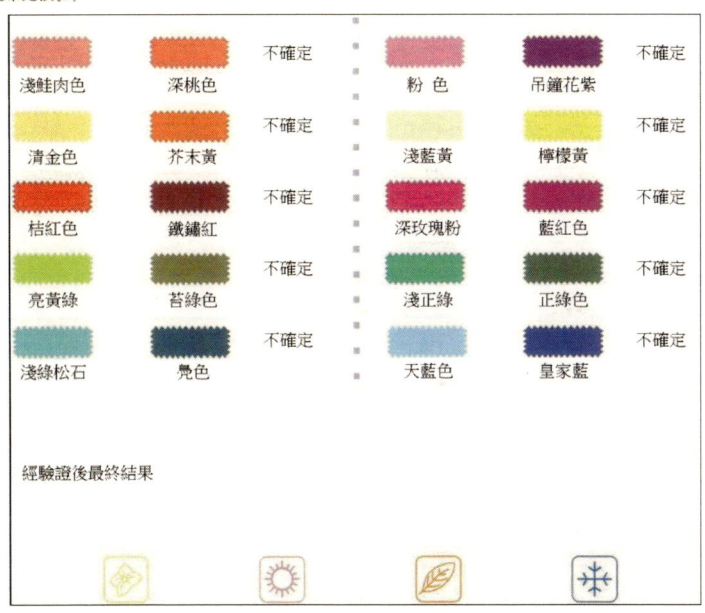

淺鮭肉色	深桃色	不確定	粉色	吊鐘花紫	不確定
清金色	芥末黃	不確定	淺藍黃	檸檬黃	不確定
桔紅色	鐵鏽紅	不確定	深玫瑰粉	藍紅色	不確定
亮黃綠	苔綠色	不確定	淺正綠	正綠色	不確定
淺綠松石	亮色	不確定	天藍色	皇家藍	不確定

經驗證後最終結果

經過對_____本人的皮膚、紅暈、眼睛、毛髮等體色特徵的仔細觀察，以及通過專業季型診斷色布在其皮膚上變化的比較對照，作出本表的紀錄，依據這些紀錄，結合四季色論，最終確定_____其皮膚色彩屬性為_____季型，色調為_____，確定的色彩搭派方案為_____。

色彩顧問：_____
診斷日期：_____

注：色彩顧問存檔

表8-6　季型診斷結果鑑定書

尊敬的_____女士/先生：

專業色彩顧問經過對您皮膚、紅暈、眼睛、毛髮等體色特徵的仔細觀察，以及通過專業季型診斷色布在您皮膚上變化的比較對照，診斷出您的皮膚色彩屬於_____季型，色調為_____，搭配方案為_____。
具體著裝方式請參考《季型診斷結果報告》。

217

個人形象全面改造

表 8-7　個人風格診斷表

顧客姓名＿＿＿＿　診斷時間＿＿＿＿＿　診斷顧問＿＿＿＿

一、人體"型"特徵

輪廓診斷

臉　型	直線＿＿＿＿＿	中間＿＿＿＿＿	曲線＿＿＿＿＿
體　型	直線＿＿＿＿＿	中間＿＿＿＿＿	曲線＿＿＿＿＿
眼　神	直線＿＿＿＿＿	中間＿＿＿＿＿	曲線＿＿＿＿＿

輪廓診斷

面　部	小量感＿＿＿＿	中間＿＿＿＿＿	大量感＿＿＿＿
身　材	小量感＿＿＿＿	**中間**＿＿＿＿	大量感＿＿＿＿
眼　神	小量感＿＿＿＿	**中間**＿＿＿＿	大量感＿＿＿＿

成熟度診斷

成熟度	相對成熟＿＿＿＿	**中間**＿＿＿＿	相對年輕化＿＿＿＿

二、動態"型"特徵

輪廓診斷

語　調	直線＿＿＿＿＿	中間＿＿＿＿＿	曲線＿＿＿＿＿
姿　勢	直線＿＿＿＿＿	中間＿＿＿＿＿	曲線＿＿＿＿＿
肢體語言	直線＿＿＿＿＿	中間＿＿＿＿＿	曲線＿＿＿＿＿

輪廓診斷

語　調	小量感＿＿＿＿	中間＿＿＿＿＿	大量感＿＿＿＿
姿　勢	小量感＿＿＿＿	中間＿＿＿＿＿	大量感＿＿＿＿
肢體語言	小量感＿＿＿＿	中間＿＿＿＿＿	大量感＿＿＿＿

成熟度診斷

成熟度	相對成熟＿＿＿＿	中間＿＿＿＿＿	相對年輕化＿＿＿＿

三、鑑定工具

款式風格 診斷色布	1. 戲劇型　適合 □　不適合 □ 2. 古典型　適合 □　不適合 □ 3. 自然型　適合 □　不適合 □ 4. 前衛型　適合 □　不適合 □	5. 少年型　適合 □　不適合 □ 6. 少女型　適合 □　不適合 □ 7. 浪漫型　適合 □　不適合 □ 8. 優雅型　適合 □　不適合 □

注：色彩顧問存檔

三 服飾形象策劃檔案及管理

表 8-8　款式風格診斷表

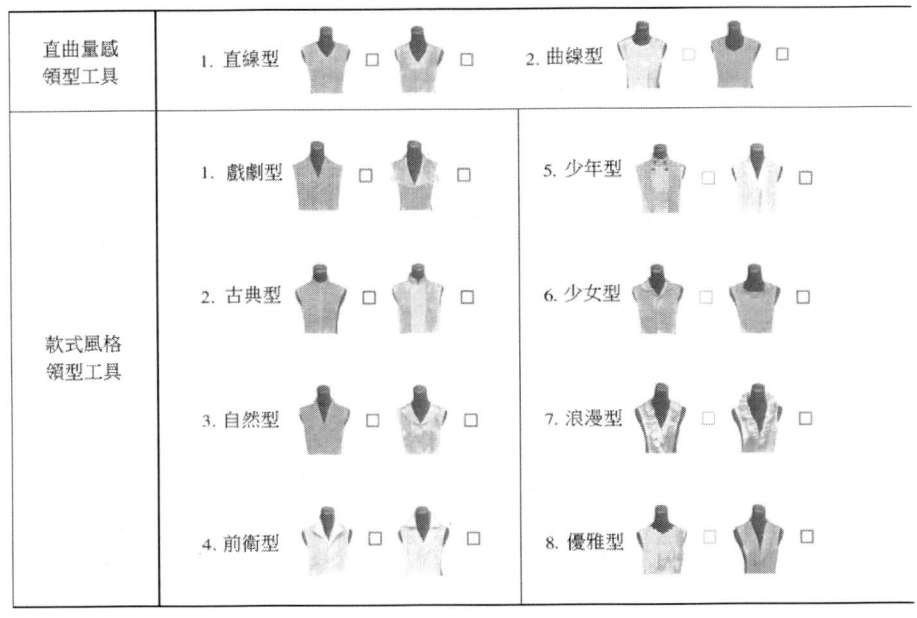

直曲量感 領型工具	1. 直線型 □ □	2. 曲線型 □ □
款式風格 領型工具	1. 戲劇型 □ □ 2. 古典型 □ □ 3. 自然型 □ □ 4. 前衛型 □ □	5. 少年型 □ □ 6. 少女型 □ □ 7. 浪漫型 □ □ 8. 優雅型 □ □

四、綜合分析調整

性格	
職業特徵及 對著裝的特別需求	

五、顧客款式風格規律

　　尊敬的＿＿＿＿＿＿＿女士/先生：
專業的色彩顧問經過對您面部、身體、眼神、肢體語言等的仔細觀察，以及通過專業風格診斷工具的對照，診斷出您的風格屬於＿＿著裝類型為＿＿＿＿＿＿＿＿＿＿＿＿＿＿＿＿＿＿＿＿＿＿＿＿＿＿＿＿＿＿＿
＿＿＿＿＿＿＿＿＿＿＿＿

注：色彩顧問存檔

219

個人形象全面改造

表 8-9　妝面定型報告書

日期 _____　　諮詢顧問 _____

化妝方法	蛋形臉	心形臉	長形臉	圓形臉	洋梨形臉	鑽石形臉	方形臉
眉毛畫法							
眼影畫法							
腮紅畫法							
唇型修飾							
臉型修飾							
化妝步驟							
睫毛畫法							
眼線畫法							
化妝重點							

三 服飾形象策劃檔案及管理

思考與練習

1. 為 5～10 位不同年齡、職業的女性朋友作診斷和判斷，為其提供服飾形象設計建議。

2. 選擇其中「春」、「夏」、「秋」、「冬」、色彩十二季型或八大人物風格的任意不同類型的 4 位，按教學要求全程提供服飾形象設計，親自動手為其打造完整的服飾形象設計方案，並建立較為齊全的檔案資料。

國家圖書館出版品預行編目（CIP）資料

個人形象全面改造 / 郭麗 編著 . -- 第一版 .
-- 臺北市：崧燁文化, 2019.09
　　面；　公分
POD 版

ISBN 978-957-681-945-2(平裝)

1. 服飾 2. 服裝設計

423.2　　　　　　　　　　　　　　108015128

書　　名：個人形象全面改造
作　　者：郭麗 編著
發 行 人：黃振庭
出 版 者：崧燁文化事業有限公司
發 行 者：崧燁文化事業有限公司
E - m a i l：sonbookservice@gmail.com
粉 絲 頁：　　　　　網　址：
地　　址：台北市中正區重慶南路一段六十一號八樓 815 室
8F.-815, No.61, Sec. 1, Chongqing S. Rd., Zhongzheng Dist., Taipei City 100, Taiwan (R.O.C.)
電　　話：(02)2370-3310　傳　真：(02) 2370-3210
總 經 銷：紅螞蟻圖書有限公司
地　　址：台北市內湖區舊宗路二段 121 巷 19 號
電　　話:02-2795-3656 傳真:02-2795-4100　　網址：
印　　刷：京峯彩色印刷有限公司（京峰數位）

　　本書版權為西南師範大學出版社所有授權崧博出版事業股份有限公司獨家發行電子書及繁體書繁體字版。若有其他相關權利及授權需求請與本公司聯繫。

定　　價：550 元
發行日期：2019 年 09 月第一版
◎ 本書以 POD 印製發行